災害と人間

地震・津波・台風・火災の科学と教育

寺田寅彦 著

やまねこブックレット

仮説社

寺田寅彦（1878 ~ 1935）

災害と人間　地震・津波・台風・火災の科学と教育

寺田寅彦 著

津波と人間

　昭和八〔一九三三〕年三月三日の早朝に、東北日本の太平洋岸に津波《つなみ》が襲来して、沿岸の小都市村落を片端から薙《な》ぎ倒し洗い流し、そうして多数の人命と多額の財物《ざいぶつ》を奪い去った。明治二十九〔一八九六〕年六月十五日の同地方に起ったいわゆる「三陸大津波」とほぼ同様な自然現象が、約満三十七年後の今日再び繰返されたのである。

　同じような現象は、歴史に残っているだけでも、過去において何遍《なんべん》となく繰返されている。歴史に記録されていないものがおそらくそれ以上に多数にあったであろうと思われる。現在の地震学上から判断される限り、同じ事は未来においても何度となく繰返されるであろうということである。

　こんなに度々《たびたび》繰返される自然現象ならば、当該《とうがい》地方の住民は、とうの昔に何かしら相当な対策を考えてこれに備え、災害を未然《みぜん》に防ぐことが出来ていてもよさそうに思われる。これは、この際誰しもそう思うことであろうが、それが実際はなかなかそうならないというのがこの人間界の人間的自然現象であるように見える。

　学者の立場からは通例次のようにいわれるらしい。「この地方に数年あるいは数十年ごとに津波の起るのは既定の事実である。それだのにこれに備うる事もせず、また強い地震の後には津波の来る恐れがあるというくらいの見やすい道理もわきまえずに、うかうかしているというのはそもそも不用意千万なことである」

しかしまた、罹災者《りさいしゃ》の側にいわせれば、また次のような申し分がある。「それほど分かっている事なら、何故津波の前に間に合うように警告を与えてくれないのか。正確な時日に予報出来ないまでも、もうそろそろ危ないと思ったら、もう少し前にそういってくれてもいいではないか、今まで黙っていて、災害のあった後に急にそんなことをいうのはひどい」

すると、学者の方では「それはもう十年も二十年も前にとうに警告を与えてあるのに、それに注意しないからいけない」という。するとまた、罹災民は「二十年も前のことなどこのせち辛《がら》い世の中でとても覚えてはいられない」という。これはどちらのいい分にも道理がある。つまり、これが人間界の「現象」なのである。

災害直後、時を移さず政府各方面の官吏《かんり》、各新聞記者、各方面の学者が駆付《かけつ》けて詳細な調査をする。そうして周到な津波災害予防案が考究され、発表され、その実行が奨励《しょうれい》されるであろう。

さて、それから更に三十七年経ったとする。その時には、今度の津波を調べた役人、学者、新聞記者は大抵もう故人となっているか、さもなくとも世間からは隠退している。そうして、今回の津波の時に働き盛り分別《ふんべつ》盛りであった当該地方の人々も同様である。そうして災害当時まだ物心のつくか付かぬであった人達が、その今から三十七年後の地方の中堅人士となっているのである。三十七年といえば大して長くも聞こえないが、日数にすれば一万三千五百五日である。その間に朝日夕日は一万三千五百五回ずつ平和な浜辺の平均水準線に近い波打際《なみうちぎわ》を照らすのである。津波に懲《こ》りて、はじめは高い処《ところ》だけに住居を移していても、五年たち、十年たち、十五年二十年とたつ間には、やはりいつともなく低い処《ところ》を求めて人口は移って行くであろう。そうして運命の一万数千日の終りの日が忍びやかに近づくのである。鉄砲の音に驚いて立った海猫《ウミネコ》〔海鳥〕が、いつの間にかまた寄って来るのと本質的の区別はないのである。

これが、二年、三年、あるいは五年に一回はきっと十数メートルの高波が襲って来るのであったら、津波はもう天変でも地異でもなくなるであろう。

風雪《ふうせつ》というものを知らない国があったとする、年中気温が摂氏二十五度を下がる事がなかったとする。それがおおよそ百年に一遍《いっぺん》くらいちょっとした吹雪《ふぶき》があったとすると、それはその国には非常な天災であって、この災害はおそらく我邦《わがくに》の津波に劣らぬものとなるであろう。何故かといえば、風のない国の家屋は大抵少しの風にも吹き飛ばされるように出来ているであろうし、冬の用意のない国の人は、雪が降れば凍えるに相違ないから《ここ》である。それほど極端な場合を考えなくてもよい。いわゆる台風なるものが三十年五十年、すなわち日本家屋の保存期限と同じ程度の年数をへだてて襲来するのだったら結果は同様であろう。

夜というものが二十四時間ごとに繰返されるからよいが、約五十年に一度、しかも不定期に突然に夜が廻《めぐ》り合せてくるのであったら、その時に如何《いか》なる事柄が起るであろうか。おそらく名状《めいじょう》の出来ない混乱が生じるであろう。そうしてやはり人命財産の著《いちじる》しい損失が起らないとは限らない。

さて、個人が頼りにならないとすれば、政府の法令によって永久的の対策を設けることは出来ないものかと考えてみる。ところが、国は永続しても政府の役人は百年の後には必ず入れ代わっている。役人が代わる間には法令も時々は代わる恐れがある。その法令が、無事な一万何千日間の生活に甚《はなは》だ不便なものである場合は猶更《なおさら》そうである。政党内閣などというものの世の中だと猶更そうである。

災害記念碑を立てて永久的警告を残してはどうかという説もあるであろう。しかし、はじめは人目に付きやすい処に立ててあるのが、道路改修、市区改正等の行われる度にあちらこちらと移されて、おしまいにはどこの山蔭《やまかげ》の竹藪《たけやぶ》の中に埋もれないとも限らない。そういう時に若干の老人が昔の例を引いてやかましくいっても、例えば「市会議員」などというようなものは、そんなことは相手にしないであろう。そうしてその碑石が八重葎《やえむぐら》に埋もれた頃に、時分《じぶん》はよしと次の津波がそろそろ準備されるであろう。

昔の日本人は子孫のことを多少でも考えない人は少なかったようである。それは実際いくらか考えばえがする世の中であったからかもしれない。それでこそ例えば津波を戒《いまし》める碑を建てておいても相当な利き目があったのであるが、これから先の日本ではそれがどうであるか甚《はなは》だ心細いような気がする。二千年来伝わった日本人の魂でさえも、打砕いて夷狄《いてき》の犬に喰わせようという人も少なくない世の中である。一代前の言い置きなどを歯牙《しが》にかける人はありそうもない。

しかし困ったことには「自然」は過去の習慣に忠実である。地震や津波は新思想の流行などには委細《いさい》かまわず、頑固に、保守的に執念深くやって来るのである。紀元前二十世紀にあったことが紀元二十世紀にも全く同じように行われるのである。科学の法則とは畢竟《ひっきょう》「自然の記憶の覚え書き」である。自然ほど伝統に忠実なものはないのである。

それだからこそ、二十世紀の文明という空虚な名をたのんで、安政の昔〔安政年間には大きな地震が多発した〕の経験を馬鹿にした東京は大正十二年の地震で焼払われたのである。

こういう災害を防ぐには、人間の寿命を十倍か百倍に延ばすか、ただしは地震津波の周期を十分の一か百分の一に縮めるかすればよい。そうすれば災害はもはや災害でなく五風十雨《ごふうじゅうう》の亜類《あるい》となってしまうであろう。しかしそれが出来ない相談であるとすれば、残る唯一の方法は人間がもう少し過去の記録を忘れないように努力するより外はないであろう。

科学が今日のように発達したのは過去の伝統の基礎の上に時代時代の経験を丹念に克

明に築き上げた結果である。それだからこそ、台風が吹いても地震が揺《ゆす》ってもびくとも動かぬ殿堂が出来たのである。二千年の歴史によって代表された経験的基礎を無視して他所《よそ》から借り集めた風土に合わぬ材料で建てた仮小屋のような新しい哲学などはよくよく吟味《ぎんみ》しないと甚《はなは》だ危ないものである。それにもかかわらず、うかうかとそういうものに頼って脚下《きゃっか》の安全なものを棄《す》てようとする、それと同じ心理が、正しく地震や津波の災害を招致《しょうち》する、というよりはむしろ、地震や津波から災害を製造する原動力になるのである。

津波の恐れのあるのは三陸沿岸だけとは限らない。寛永《かんえい》・安政《あんせい》の場合のように、太平洋沿岸の各地を襲うような大がかりなものが、いつかはまた繰返されるであろう。その時にはまた日本の多くの大都市が大規模な地震の活動によって将棋倒しに倒される「非常時」が到来するはずである。それはいつだかは分からないが、来ることは来るというだけは確かである。今からその時に備えるのが、何よりも肝要《かんよう》である。

それだから、今度の三陸の津波は、日本全国民にとっても人ごとではないのである。

しかし、少数の学者や自分のような苦労症の人間がいくら骨を折って警告を与えてみたところで、国民一般も政府の当局者も決して問題にはしない、というのが、一つの事実であり、これが人間界の自然法則であるように見える。自然の法則は人間の力では枉《ま》げられない。この点では人間も昆虫も全く同じ境界《きょうがい》にある。それで吾々《われわれ》も昆虫と同様明日の事など心配せずに、その日その日を享楽《きょうらく》していって、一朝《いっちょう》天災に襲われれば綺麗にあきらめる。

そうして滅亡するか復興するかはただその時の偶然の運命に任《まか》せるということにする外《ほか》はないという棄《す》て鉢《ばち》の哲学も可能である。

しかし、昆虫はおそらく明日に関する知識はもっていないであろうと思われるのに、人間の科学は人間に未来の知識を授ける。この点はたしかに人間と昆虫とでちがうようである。それで日本国民のこれら災害に関する科学知識の水準をずっと高めることが出来れば、その時にはじめて天災の予防が可能になるであろうと思われる。この水準を高めるには何よりも先《ま》ず、普通教育で、もっと立入《たちい》った地震津波の知識を授ける必要がある。英独仏などの科学国の普通教育の教材にはそんなものはないという人があるかもしれないが、それは彼地《かのち》には大地震大津波が稀《まれ》なためである。熱帯の住民が裸体で暮しているからといって、寒い国の人がその真似をする謂《い》われはないのである。それで日本のような、世界的に有名な地震国の小学校では、少なくも毎年一回ずつ一時間や二時間くらい地震津波に関する特別講演があっても、決して不思議はないであろうと思われる。地震津波の災害を予防するのは、やはり学校で教える「愛国」の精神の具体的な発現方法の中でも、最も手近で最も有効なものの一つであろうと思われるのである。

（追記）三陸災害地を視察して帰った人の話を聞いた。ある地方では明治二十九年の災害記念碑を建てたが、それが今では二つに折れて倒れたままになってころがっており、碑文などは全く読めないそうである。またある地方では同様な碑を、山腹道路の傍《かたわら》で通行人の最もよく眼につく処に建てておいたが、その後新道が別に出来たために記念碑のある旧道は淋《さび》れてしまっているそうである。それからもう一つ意外な話は、地震があってから津波の到着するまでに通例数十分かかるという平凡な科学的事実を知っている人が彼《か》の地方に非常に稀《まれ》だということである。前の津波に遭った人でも大抵そんなことは知らないそうである。

〔一九三三年五月〕

〔津波が海岸に到達するまでの時間は、震源までの距離や震源周辺の地形によって違うので一概には言えない。明治三〇（一八九六）年と昭和八（一九三三）年の二度の三陸地震では、地震発生から津波が海岸に到達するまでに約三〇分かかっているが、一九八三年の日本海中部地震では七分後、一九九三年の北海道南西沖地震では五分後に一番近い岸に津波が到達している〕

天災と国防

「非常時」というなんとなく不気味な、しかしはっきりした意味のわかりにくい言葉がはやりだしたのはいつごろからであったか思い出せないが、ただ近来「何かしら日本全国土の安寧《あんねい》を脅かす黒雲のようなものが、遠い水平線の向こう側からこっそりのぞいているらしい」という、言わば取り止めのない悪夢のような不安の陰影が国民全体の意識の底層《ていそう》に揺曳《ようえい》していることは事実である。そうして、その不安の渦巻《うずまき》の回転する中心点はと言えば、やはり近き将来に期待される国際的折衝《せっしょう》の難関であることはもちろんである。

〔この前年、日本は満州国をめぐる対立から国際連盟を脱退。同じ頃ドイツではアドルフ・ヒトラーが首相となり独裁政治を開始。国際社会は緊張の度合いを増していた〕

そういう不安をさらにあおり立てでもするように、今年になってからいろいろの天変地異が踵《くびす》を次いでわが国土を襲い、そうしておびただしい人命と財産を奪ったように見える。あの恐ろしい函館《はこだて》の大火〔25ぺ参照〕や近くは北陸地方の水害の記憶がまだなまなましいうちに、さらに九月二十一日の近畿《きんき》地方大風水害〔室戸台風〕が突発して、その損害は容易に評価のできないほど甚大《じんだい》なものであるように見える。国際的のいわゆる「非常時」は、少なくとも現在においては、無形な実証のないものであるが、これらの天変地異の「非常時」は最も具象的《ぐしょうてき》な眼前の事実としてその惨状を暴露《ばくろ》しているのである。

〔室戸台風――一九三四年九月二十一日に高知県室戸岬付近に上陸し、京阪神地方を中心に死者二千七百二人、行方不明者三百三十四人、負傷者一万四千九百九十四人、損壊した家屋九万二千七百四十戸という甚大な被害をもたらした〕

一家のうちでも、どうかすると、直接の因果関係《いんがかんけい》の考えられないようないろいろな不幸が頻発《ひんぱつ》することがある。すると人はきっと何かしら神秘的な因果応報の作用を想像して、祈祷《きとう》や厄払《やくばら》いの他力にすがろうとする。国土に災禍《さいか》の続起《ぞっき》する場合にも同様である。しかし統計に関する数理から考えてみると、一家なり一国なりにある年は災禍《さいか》が重畳《ちょうじょう》しまた他の年には全く無事な回り合わせが来るということは、純粋な偶然の結果としても当然期待されうる「自然変異《ナチュラルフラクチュエーション》」の現象であって、別に必ずしも怪力乱神《かいりきらんしん》を語るには当たらないであろうと思われる。悪い年回りはむしろいつかは回って来るのが自然の鉄則であると覚悟を定めて、良い年回りの間に充分の用意をしておかなければならないということは、実に明白すぎるほど明白なことであるが、またこれほど万人がきれいに忘れがちなこともまれである。もっともこれを忘れているおかげで今日を楽しむことができるのだという人があるかもしれないのであるが、それは個人めいめいの哲学に任せるとして、少なくとも一国の為政《いせい》の枢機《すうき》に参与する人々だけは、この健忘症《けんぼうしょう》に対する診療を常々怠らないようにしてもらいたいと思う次第である。

日本はその地理的の位置がきわめて特殊であるために国際的にも特殊な関係が生じ、いろいろな仮想敵国に対する特殊な防備の必要を生じると同様に、気象学的・地球物理学的にもまたきわめて特殊な環境の支配を受けているために、その結果として特殊な天変地異《てんぺんちい》に絶えず脅《おびや》かされなければならない運命のもとに置かれていることを一日も忘れてはならないはずである。

地震・津波・台風のごとき西欧文明諸国の多くの国々にも全然無いとは言われないまでも、頻繁《ひんぱん》にわが国のように劇甚《げきじん》な災禍《さいか》を及ぼすことははなはだまれであると言ってもよい。わが国のようにこういう災禍の頻繁《ひんぱん》であるということは一面から見ればわが国の国民性の上に良い影響を及ぼしていることも否定し難いことであって、数千年来の災禍の試練によって、日本国民特有のいろいろな国民性のすぐれた諸相《しょそう》が作り上げられたことも事実である。

しかしここで一つ考えなければならないことで、しかもいつも忘れられがちな重大な要項がある。それは、文明が進めば進むほど天然の暴威《ぼうい》による災害がその劇烈の度を増すという事実である。

人類がまだ草昧《そうまい》〔未開〕の時代を脱しなかったころ、がんじょうな岩山の洞窟《どうくつ》の中に住まっていたとすれば、たいていの地震や暴風でも平気であったろうし、これらの天変によって破壊さるべきなんらの造営物をも持ち合わせなかったのである。もう少し文化が進んで小屋を作るようになっても、テントか掘っ立て小屋のようなものであって見れば、地震にはかえって絶対安全であり、またたとえ風に飛ばされてしまっても復旧ははなはだ容易である。とにかくこういう時代には、人間は極端に自然に従順であって、自然に逆らうような大それた企《くわだ》ては何もしなかったからよかったのである。

文明が進むに従って人間は次第に自然を征服しようとする野心を生じた。そうして、重力に逆らい、風圧水力に抗するようないろいろの造営物を作った。そうしてあっぱれ自然の暴威を封じ込めたつもりになっていると、どうかした拍子に檻《おり》を破った猛獣の大群のように、自然があばれ出して高楼《こうろう》を倒壊《とうかい》せしめ堤防《ていぼう》を崩壊《ほうかい》させて人命を危うくし財産を滅ぼす。その災禍を起こさせたもとの起こりは天然に反抗する人間の細工であると言っても不当ではないはずである。災害の運動エネルギーとなるべき位置エネルギーを蓄積させ、いやが上にも災害を大きくするように努力しているものはたれあろう文明人そのものなのである。

もう一つ文明の進歩のために生じた対自然関係の著しい変化がある。それは人間の団体、なかんずくいわゆる国家あるいは国民と称するものの有機的結合が進化し、その内部機構の分化が著しく進展して来たために、その有機系のある一部の損害が系全体に対してはなはだしく有害な影響を及ぼす可能性が多くなり、時には一小部分の傷害が全系統に致命的となりうる恐れがあるようになったということである。

単細胞動物のようなものでは個体を切断しても、各片《かくへん》が平気で生命を持続することができるし、もう少し高等なものでも、肢節《しせつ》を切断すれば、その痕跡《こんせき》から代わりが芽を吹くという事もある。しかし高等動物になると、そういう融通《ゆうづう》がきかなくなって、針一本でも打ち所次第では生命を失うようになる。

先住アイヌが日本の大部に住んでいたところに、たとえば大正十二〔一九二三〕年の関東大震か、今度の九月二十一日のような台風が襲来したと想像してみる。彼らの宗教的畏怖《いふ》の念はわれわれの想像以上に強烈であったであろうが、彼らの受けた物質的損害は些細《ささい》なものであったに相違ない。前にも述べたように彼らの小屋にとっては弱震も烈震も効果においてたいした相違はないであろうし、毎秒二十メートルの風も毎秒六十メートルの風もやはり結果においてほぼ同等であったろうと想像される。そうして、野生の鳥獣が地震や風雨に堪《た》えるようにこれら未開の民もまた年々歳々《ねんねんさいさい》の天変を案外楽にしのいで種族を維持して来たに相違ない。そうして食物も衣服も住居もめいめいが自身の労力によって獲得するのであるから、天災による損害は結局各個人めいめいの損害であって、その回復もまためいめいの仕事であり、まためいめいの力で回復し得られないような損害は始めからありようがないはずである。

文化が進むに従って個人が社会を作り、職業の分化が起こって来ると事情は未開時代と全然変わって来る。天災による個人の損害はもはやその個人だけの迷惑では済まなくなって来る。村の貯水池や共同水車小屋が破壊されれば多数の村民は同時にその損害の余響《よきょう》を受けるであろう。

二十世紀の現代では日本全体が一つの高等な有機体である。各種の動力を運ぶ電線やパイプが縦横《じゅうおう》に交差し、いろいろな交通網がすきまもなく張り渡されているありさまは高等動物の神経や血管と同様である。その神経や血管の一か所に故障が起こればその影響はたちまち全体に波及するであろう。今度の暴風で畿内《きない》地方〔京都周辺伊地域〕の電信が不通になったために、どれだけの不都合が全国に波及《はきゅう》したかを考えてみればこの事は了解されるであろう。

これほどだいじな神経や血管であるから、天然の設計に成る動物体内ではこれらの器官が実に巧妙な仕掛けで注意深く保護されているのであるが、一国の神経であり血管である送電線は野天《のてん》に吹きさらしで、風や雪がちょっとばかりつよく触れればすぐに切断するのである。市民の栄養を供給する水道はちょっとした地震で断絶するのである。もっとも、送電線にしても工学者の計算によって相当な風圧を考慮し若干の安全係数をかけて設計してあるはずであるが、変化のはげしい風圧を静力学的に考え、しかもロビンソン風速計で測った平均風速だけを目安にして勘定したりするようなアカデミックな方法によって作ったものでは、弛張《しちょう》のはげしい風の息の偽週期的《ぎしゅうきてき》衝撃に堪えないのはむしろ当然のことであろう。

それで、文明が進むほど天災による損害の程度も累進《るいしん》する傾向があるという事実を充分に自覚して、そして平生《へいせい》からそれに対する防御策を講じなければならないはずであるのに、それがいっこうにできていないのはどういうわけであるか。そのおもなる原因は、畢竟《ひっきょう》そういう天災がきわめてまれにしか起こらないで、ちょうど人間が前車の顛覆《てんぷく》を忘れたころにそろそろ後車を引き出すようになるからであろう。

しかし昔の人間は過去の経験を大切に保存し蓄積してその教えにたよることがはなはだ忠実であった。過去の地震や風害に堪えたような場所にのみ集落を保存し、時の試練に堪えたような建築様式のみを墨守《ぼくしゅ》して来た。それだからそうした経験に従って造られたものは関東震災でも多くは助かっているのである。大震後横浜から鎌倉《かまくら》へかけて被害の状況を見学に行ったとき、かの地方の丘陵のふもとを縫う古い村家が存外《ぞんがい》平気で残っているのに、田んぼの中に発展した新開地の新式家屋がひどくめちゃめちゃに破壊されているのを見た時につくづくそういう事を考えさせられたのであったが、今度の関西の風害でも、古い神社仏閣などは存外あまりいたまないのに、時の試練を経ない新様式の学校や工場が無残に倒壊してしまったという話を聞いていっそうその感を深くしている次第である。やはり文明の力を買いかぶって自然を侮《あなど》り過ぎた結果からそういうことになったのではないかと想像される。新聞の報ずるところによると、幸いに当局でもこの点に注意してこの際各種建築被害の比較的研究を徹底的に遂行することになったらしいから、今回の苦《にが》い経験がむだになるような事は万に一つもあるまいと思うが、しかしこれは決して当局者だけに任すべき問題ではなく国民全体が日常めいめいに深く留意すべきことであろうと思われる。

小学校の倒壊《とうかい》のおびただしいのは実に不可思議である。ある友人は国辱《こくじょく》中の大国辱だと言って憤慨《ふんがい》している。ちょっと勘定《かんじょう》してみると普通家屋の全壊百三十五に対し学校の全壊一の割合である。実に驚くべき比例である。これにはいろいろの理由があるであろうが、要するに時の試練を経ない造営物《ぞうえいぶつ》が今度の試験でみごとに落第したと見ることはできるであろう。

小学校建築には政党政治の宿弊《しゅくへい》に根を引いた不正な施工がつきまとっているというゴシップもあって、小学生を殺したものは○○議員だと皮肉をいうものさえある。あるいは吹き抜き廊下のせいだというはなはだ手取り早で少し疑わしい学説もある。あるいはまた大概の学校は周囲が広い明き地に囲まれているために風当たりが強く、その上に二階建てであるためにいっそういけないという解釈もある。いずれもほんとうかもしれない。しかしいずれにしても、今度のような烈風の可能性を知らなかった、あるいは忘れていたことが、すべての災厄《さいやく》の根本原因である事には疑いない。そうしてまた、工事に関係する技術者がわが国特有の気象に関する深い知識を欠き、通り一ぺんの西洋直伝《じきでん》の風圧計算のみをたよりにしたためもあるのではないかと想像される。これについてははなはだ僭越《せんえつ》ながらこの際一般工学者の謙虚な反省を促《うなが》したいと思う次第《しだい》である。天然を相手にする工事では西洋の工学のみにたよることはできないのではないかというのが、自分の年来の疑いであるからである。

今度の大阪や高知県東部の災害は、台風による高潮のためにその惨禍を倍加したようである。まだ充分な調査資料を手にしないから確実なことは言われないが、最もひどい損害を受けたおもな区域はおそらくやはり明治以後になってから急激に発展した新市街地ではないかと想像される。災害史によると、難波や土佐の沿岸は古来しばしば暴風時の高潮のためになぎ倒された経験をもっている。それで明治以前にはそういう危険のあるような場所には自然に人間の集落が希薄《きはく》になっていたのではないかと想像される。古い民家の集落の分布は一見偶然のようであっても、多くの場合にそうした進化論的の意義があるからである。そのだいじな深い意義が、浅薄《せんぱく》な「教科書学問」の横行のために蹂躙《じゅうりん》され忘却《ぼうきゃく》されてしまった。そうして付け焼き刃の文明に陶酔《とうすい》した人間はもうすっかり天然の支配に成功したとのみ思い上がって所きらわず薄弱な家を立て連《つら》ね、そうして枕を高くしてきたるべき審判の日をうかうかと待っていたのではないかという疑いも起こし得られる。もっともこれは単なる想像であるが、しかし自分が最近に中央線の鉄道を通過した機会に信州や甲州の沿線における暴風被害を瞥見《べっけん》した結果気のついた一事は、停車場付近の新開町の被害が相当多い場所でも古い昔から土着と思わるる村落の被害が意外に少ないという例の多かった事である。これは、一つには建築様式の相違にもよるであろうが、また一つにはいわゆる地の利によるであろう。旧村落は「自然淘汰《しぜんとうた》」という時の試練に堪《た》えた場所に「適者《てきしゃ》」として「生存」しているのに反して、停車場というものの位置は気象的条件などということは全然無視して官僚的・政治的・経済的な立場からのみ割り出して決定されているためではないかと思われるからである。

それはとにかく、今度の風害が「いわゆる非常時」の最後の危機の出現と時を同じゅうしなかったのは何よりのしあわせであったと思う。これが戦禍《せんか》と重なり合って起こったとしたらその結果はどうなったであろうか、想像するだけでも恐ろしいことである。弘安《こうあん》の昔と昭和の今日とでは世の中が一変していることを忘れてはならないのである。

〔「弘安《こうあん》の役《えき》」――弘安四（一二八一）年に行なわれたモンゴル・高麗連合軍による日本侵攻。文永十一（一二七四）年に行なわれた「文永《ぶんえい》の役《えき》」と合わせ、「元寇《げんこう》」「蒙古襲来《もうこしゅうらい》」などと呼ばれる〕

戦争はぜひとも避けようと思えば人間の力で避けられなくはないであろうが、天災ばかりは科学の力でもその襲来《しゅうらい》を中止させるわけには行かない。その上に、いついかなる程度の地震・暴風・津波・洪水が来るか、今のところ容易に予知することができない。最後通牒《さいごつうちょう》も何もなしに突然襲来するのである。それだから国家を脅かす敵としてこれほど恐ろしい敵はないはずである。もっともこうした天然の敵のためにこうむる損害は敵国の侵略によって起こるべき被害に比べて小さいという人があるかもしれないが、それは必ずしもそうは言われない。たとえば安政元〔一八五四〕年の大震のような大規模のものが襲来すれば、東京から福岡に至るまでのあらゆる大小都市の重要な文化設備が一時に脅《おびや》かされ、西半日本の神経系統と循環系統に相当ひどい故障が起こって、有機体としての一国の生活機能に著しい麻痺症状《まひしょうじょう》を惹起《じゃっき》する恐れがある。万一にも大都市の水道貯水池の堤防でも決壊すれば市民がたちまち日々の飲用水に困るばかりでなく、氾濫《はんらん》する大量の流水の勢力は少なくも数村を微塵《みじん》になぎ倒し、多数の犠牲者を出すであろう。水電〔水力発電所〕の堰堤《えんてい》が破れても同様な犠牲を生じるばかりか、都市は暗やみになり肝心な動力網の源が一度に涸《か》れてしまうことになる。

こういうこの世の地獄の出現は、歴史の教うるところから判断して決して単なる杞憂《きゆう》ではない。しかも安政年間には電信も鉄道も電力網も水道もなかったから幸いであったが、次に起こる「安政地震」には事情が全然ちがうということを忘れてはならない。

国家の安全を脅かす敵国に対する国防策は現に政府当局の間で熱心に研究されているであろうが、ほとんど同じように一国の運命に影響する可能性の豊富な大天災に対する国防策は政府のどこでだれが研究しいかなる施設を準備しているかはなはだ心もとないありさまである。思うに日本のような特殊な天然の敵を四面に控えた国では、陸軍海軍のほかにもう一つ科学的国防の常備軍を設け、日常の研究と訓練によって非常時に備えるのが当然ではないかと思われる。陸海軍の防備がいかに充分であっても、肝心な戦争の最中に安政程度の大地震や今回の台風、あるいはそれ以上のものが軍事に関する首脳の設備に大損害を与えたらいったいどういうことになるであろうか。そういうことはそうめったにないと言って安心していてもよいものであろうか。

わが国の地震学者や気象学者は従来かかる国難を予想してしばしば当局と国民とに警告を与えたはずであるが、当局は目前の政務に追われ、国民はその日の生活にせわしくて、そうした忠言に耳をかす暇《いとま》がなかったように見える。誠に遺憾《いかん》なことである。

台風の襲来を未然に予知し、その進路とその勢力の消長《しょうちょう》とを今よりもより確実に予測するためには、どうしても太平洋上ならびに日本海上に若干の観測地点を必要とし、その上にまた大陸方面からオホーツク海方面までも観測網を広げる必要があるように思われる。しかるに現在では細長い日本島弧《にほんとうこ》の上に、言わばただ一連の念珠《ねんじゅ》〔数珠《じゅず》〕のように観測所の列が分布しているだけである。たとえて言わば奥州街道《おうしゅうかいどう》から来るか東海道から来るか信越線から来るかもしれない敵の襲来に備えるために、ただ中央線の沿線だけに哨兵《しょうへい》を置いてあるようなものである。

新聞記事によると、アメリカでは太平洋上に浮き飛行場を設けて横断飛行の足がかりにする計画があるということである。うそかもしれないが、しかしアメリカ人にとっては充分可能なことである。もしこれが可能とすれば、洋上に浮き観測所の設置ということもあながち学究の描き出した空中楼閣《くうちゅうろうかく》だとばかりは言われないであろう。五十年百年の後にはおそらく常識的になるべき種類のことではないかと想像される。

　人類が進歩するに従って愛国心も大和魂《やまとだましい》もやはり進化すべきではないかと思う。砲煙弾雨の中に身命を賭《と》して敵の陣営に突撃するのもたしかに貴い日本魂《やまとだましい》であるが、○国や△国よりも強い天然の強敵に対して平生から国民一致協力して適当な科学的対策を講ずるのもまた、現代にふさわしい大和魂の進化の一相として期待してしかるべきことではないかと思われる。天災の起こった時に始めて大急ぎでそうした愛国心を発揮するのも結構であるが、昆虫《こんちゅう》や鳥獣《ちょうじゅう》でない二十世紀の科学的文明国民の愛国心の発露にはもう少しちがった、もう少し合理的な様式があってしかるべきではないかと思う次第である。

〔一九三四年十一月〕

函館の大火について

昭和九〔一九三四〕年三月二十一日の夕から翌朝へかけて函館《はこだて》市に大火《たいか》があって二万数千戸を焼き払い二千人に近い死者を生じた。実に珍しい大火である。そうしてこれが昭和九年の大日本の都市に起こったということが実にいっそう珍しいことなのである。

徳川時代の江戸には大火が名物であった。振袖火事として知られた明暦の大火は言うまでもなく、明和九年二月二十九日の午《ひる》ごろ目黒行人坂大円寺《めぐろぎょうにんざかだいえんじ》から起こった火事はおりからの南西風に乗じて芝桜田《しばさくらだ》から今の丸の内《まるのうち》を焼いて神田《かんだ》、下谷《したや》、浅草《あさくさ》と焼けつづけ、とうとう千住《せんじゅ》までも焼け抜けて、なおその火の支流は本郷《ほんごう》から巣鴨《すがも》にも延長し、また一方の逆流は今の日本橋《にほんばし》区の目抜きの場所を曠野《こうや》〔荒れ野〕にした。これは焼失区域のだいたいの長さから言って今度の函館のそれの三倍以上であった。これは西暦一七七二年の出来事で今から百六十二年の昔の話である。当時江戸の消防機関は長い間の苦《にが》い経験で教育され訓練されてかなりに発達してはいたであろうが、ともかくも日本にまだ科学と名のつくもののなかった昔の災害であったのである。

関東震災に踵《くびす》を次いで起こった大正十二〔一九二三〕年九月一日から三日にわたる大火

災は、明暦の大火に肩を比べるものであった。あの一九二三年の地震によって発生した直接の損害は副産物として生じた火災の損害に比べればむしろ軽少なものであったと言われている。あの時の火災がどうしてあれほどに暴威《ぼうい》をほしいままにしたかについてはもとよりいろいろの原因があった。一つには水道が止まった上に、出火の箇所が多数に一時に発生して消防機関が間に合わなかったのは事実である。また一つには東京市民が明治以来のいわゆる文明開化中毒のために、徳川時代に多大の犠牲を払って修得した火事教育をきれいに忘れてしまって、消防の事は警察の手にさえ任せておけばそれで永久に安心であると思い込み〔一九四八年まで消防組織は警察機関の一部だった〕、警察のほうでもまたそうとばかり信じ切っていたために、市民の手からその防火の能力を没収してしまった。そのために焼かずとも済むものまでも焼けるに任せた、という傾向のあったのもやはり事実である。しかしそれらの直接の原因の根本に横たわる重大な原因は、ああいう地震が可能であるという事実を日本人の大部分がきれいに忘れてしまっていたということに帰《き》すべきであろう。むしろ、人間というものが、そういうふうに驚くべく忘れっぽい健忘性《けんぼうしょう》な存在として創造されたという、悲しいがいかんともすることのできない自然科学的事実に基《もと》づくものであろう。

今回の函館《はこだて》の大火はいかにして成立し得たか、これについていくらかでも正鵠《せいこく》に近い考察をするためには今のところ信ずべき資料があまりに僅少《きんしょう》である。新聞記事は例によってまちまちであって、感傷《かんしょう》をそそる情的《じょうてき》資料は豊富でも考察に必要な正確な物的《ぶってき》資料は乏しいのであるが、内務省警保局《けいほきょく》〔現在の警視庁〕発表と称する新聞記事によると、発火地点や時刻や延焼区域のきわめてだいたいの状況を知ることはできるようである。まず何よりもこの大火を大火ならしめた重要な直接原因は当時日本海からオホーツク海に駆け抜けた低気圧のしわざに帰せなければならない。天気図によると二十一日午前六時にはかなりな低気圧の目玉が日本海の中央に陣取っていて、これからしっぽを引いた不連続線《ふれんぞくせん》〔気象上の前線〕は中国から豊後水道《ぶんごすいどう》のあたりを通って太平洋上に消えている。こういう天候で、もし降雨を伴なわないと全国的に火事や山火事の頻度《ひんど》が多くなるのであるが、この日は幸いに雨気雪気が勝っていたために本州四国九州いずれも無事であった。ところが午後六時にはこの低気圧はさらに深度を強めて北上し、ちょうど札幌《さっぽろ》の真西あたりの見当の日本海のまん中に来てその威力をたくましくしていた。そのために東北地方から北海道南部は一般に南西がかった雪交じりの烈風が吹きつのり、函館では南々西秒速十余メートルの烈風が報ぜられている。この時に当たってである、実に函館全市を焼き払うためにおよそ考え得らるべき最適当の地点と思われる最風上の谷地頭町《やちがしらまち》から最初の火の手が上がったのである。

古来の大火の顛末《てんまつ》を調べてみるといずれの場合でも同様な運命の呪いがある。明暦三〔一六五七〕年の振袖火事《ふりそでかじ》では、毎日のように吹き続く北西気候風に乗じて江戸の大部分を焼き払うにはいかにすべきかを慎重に考究した結果ででもあるように、本郷《ほんごう》、小石川《こいしかわ》、麹町《こうじまち》の三か所に相次いで三度に火を発している。由井正雪《ゆいしょうせつ》の残党が放火したのだという流言が行なわれたのももっともな次第である。明和九〔一九三四〕年の行人坂の火事には、南西風に乗じて江戸を縦に焼き抜くために最好適地と考えられる目黒の一地点に乞食坊主《こじきぼうず》の真秀《しんしゅう》が放火したのである。しかし、それはもちろんだれが計画したわけでもなく、偶然そういう「大火の成立条件」がそろったために必然的に大火が成立し、それがためにこそ稀有《けう》の大火として歴史に残っているに過ぎないのである。同様に現在の函館の場合においても偶然にも運悪くこの条件が具備《ぐび》していたために歴史的な大火災ができあがったに相違ないのである。

　江戸の火災の焼失区域を調べてみると、相応な風のあった場合にはほとんどきまって火元を「かなめ」として末広がりに、半開きの扇形《おうぎがた》に延焼している。これは理論上からも予期される事であり、またたとえば実験室において油をしみ込ませた石綿板《せきめんばん》〔石綿＝アスベストの板〕の一点に放火して、電扇《でんせん》〔扇風機〕の風であおぐという実験をやってみてもわかることである。風速の強いときほど概《がい》してこの扇形の頂角が小さくなるのが普通で、極端な例として享保《きょうほう》年間のある火事は麹町《こうじまち》から発火して品川沖《しながわおき》へまで焼け抜けたが、その焼失区域は横幅の平均わずかに一〜二町〔約百〜二百メートル〕ぐらいで、まるで一直線の帯のような格好になっている。風がもっともっと強くなればすべての火事はほんとうに「吹き消される」はずである。しかし江戸大火の例で見ると、この焼失区域の扇形の頂角はざっと六十度から三十度の程度である。明暦大火の場合はかなりの烈風でおそらく十メートル以上の秒速であったと思われる根拠があるが、その時のこの頂角がだいたいにおいて、今度の函館《はこだて》の火元から焼失区域の外郭《がいかく》に接して引いた二つの直線のなす角に等しい。そうしてこの頂角を二等分する線の方向がほぼ発火当時の風向に近いのである。これはなんという不幸な運命の悪戯《いたずら》であろう。詳しく言えば、この日この火元から発した火によって必然焼かれうべき扇形の上にあたかも切ってはめたかのように函館全市が横たわっていたのである。

二十二日午前六時には低気圧中心はもうオホーツク海に進出して邦領《ほうりょう》カラフトの東に位し、そのために東北地方から北海道南部はいずれもほとんど真西の風となっている。それで発火後、風向《かざむき》はだんだんに南々西から西へ西へと回転して行ったに相違ない。このことがまた実に延焼区域を増大せしめるためにまるであつらえたかのように適応しているのである。もしも最初の南々西の風が発火後その方向を持続しながら風速を増大したのであったらおそらく火流は停車場付近を右翼の限界として海へ抜けてしまったであろうと思われるのが、不幸にも次第に西へ回った風の転向のために、火流の針路が五稜郭《ごりょうかく》の方面に向けられ、そのためにいっそう災害を大きくしたのではないかと想像される。この、気象学者には予測さるべき風向の旋転のために、死なずともよい多数の人が死んだのである。

火災中にしばしば風向が変わったと報ぜられているが、これは大火には必然な局部的随伴現象《ずいはんげんしょう》であって、現場にいる人にとっては重大な意義をもつものであるが、延焼区域の大勢を支配するものではないから、上記の推測に影響を及ぼす性質のものではないと思われる。

　要するに当時の気象状態と火元の位置とのコンビネーションは、考え得らるべき最悪のものであったことは疑いもない事実である。

　函館《はこだて》市は従来しばしば大火に見舞われた苦《にが》い経験から自然に消防機関の発達を促《うなが》され、その点においては全国中でも優秀な設備を誇っていたと称せられているのであるが、それにもかかわらず今日のような惨禍《さんか》のできあがったというのは、一つには上記のごとき不幸な偶然の回り合わせによるものであるには相違《そうい》ない。おそらくそのほかにもいろいろ

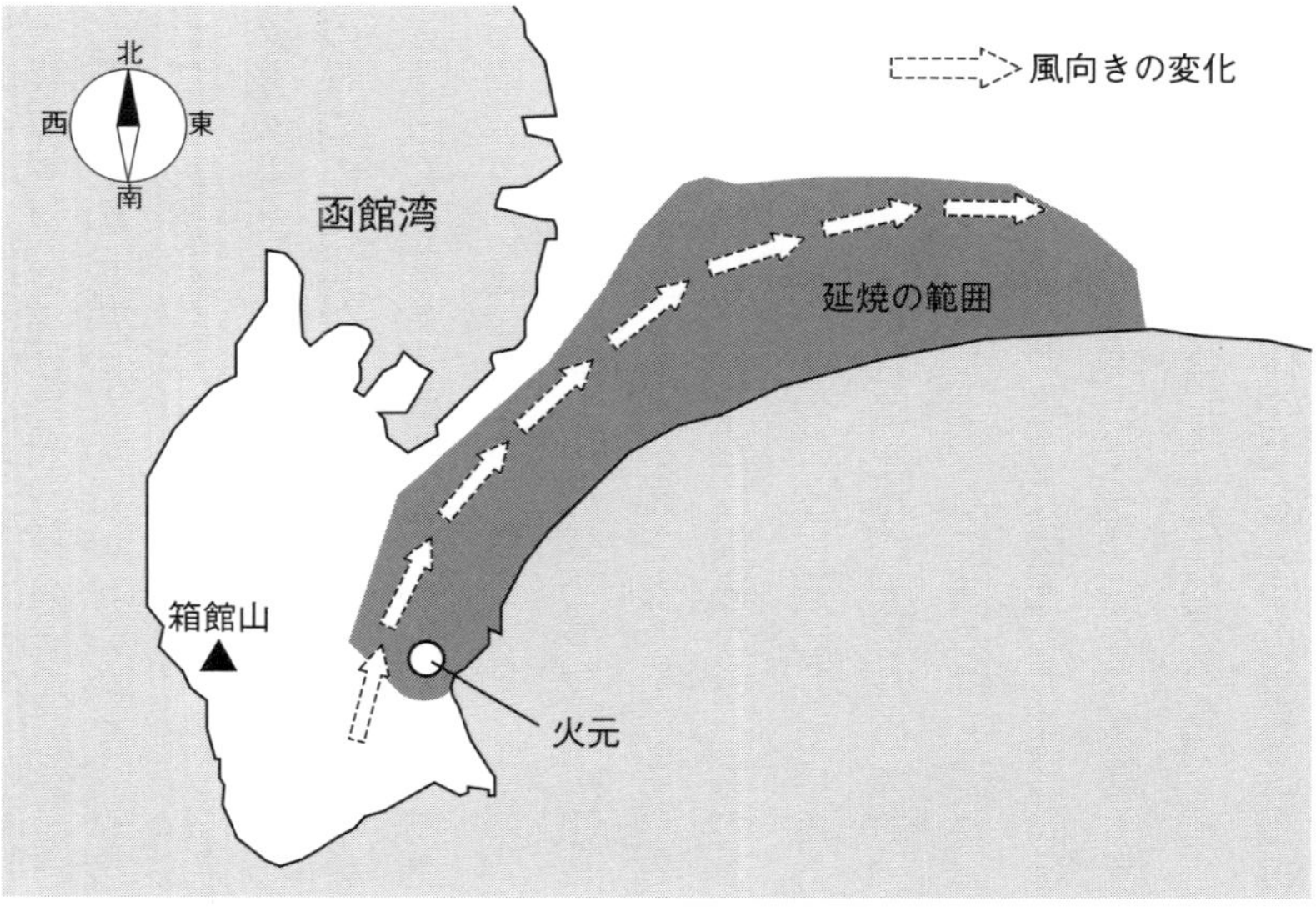

風向きは次第に南南西から真西に変化した

平生《へいせい》の火災とはちがった意外な事情が重なり合って、それでこそあのような稀有《けう》の大火となってしまったであろうと想像される。

だれも知るとおり火事の大小は最初の五分間できまると言われている。近ごろの東京で冬期かなりの烈風の日に発火してもいっこうに大火にならないのは消火着手の迅速なことによるらしい。しかし現在の東京でもなんらか「異常な事情」のためにほんの少しばかり消防が手おくれになって、そのために誤ってある程度以上に火流の前線を拡大せしめ、そうしてそれを十余メートルの烈風があおり立てたとしたら、現在の消防設備をもってしても、またたいていの広い火よけ街路の空間をもってしても、はたして防ぎ止められるかどうかはなはだ疑わしい。幸いに大雨でも降り出すか、あるいは川か海か野へでも焼け抜けてしまわない限り、鎮火《ちんか》することは到底《とうてい》困難であろうと考えられる。それで函館の場合にも必ず何かしら異常な事情の存在したために最初の五分間に間に合わなかったのではないかと想像しないわけにはゆかないのである。しかしどんな事情があったかを判断すべき材料は今のところ一つもない。いろいろの怪しいうわさはあるが、にわかに信用することはできない。しかしそういうことを今詮索《せんさく》するのはもとより自分の任でもなんでもない。ただ自分は今回の惨禍《さんか》からわれわれが何事を学ぶべきかについていくらかでも考察し、そうして将来の禍根《かこん》をいくらかでも軽減するための参考資料にしたいと思うのである。

あんなにも痛ましくたくさんの死者を出したのは、一つには市街が狭い地峡の上にあって逃げ道を海によって遮断《しゃだん》せられ、しかも飛び火のためにあちらこちらと同時に燃え出し、その上に風向旋転《せんてん》のために避難者の見当がつかなかったことなども重要な理由には相違ないが、何よりも函館《はこだて》市民のだれもが、よもやあのような大火が今の世にあり得ようとは夢にも考えなかったということに、すべての惨禍《さんか》の根本的の原因があるように思われるのである。もう一歩根本的に考えてみると、畢竟《ひっきょう》〔つまるところ〕わが国において火災、特に大火災というものに関する科学的基礎的の研究がほとんどまるきりできていないということが究竟《くきょう》〔究極〕の原因であると思われる。そうして、この根本原因の存続する限りは、将来いつなんどきでも適当な必要条件が具足《ぐそく》しさえすれば、東京でもどこでも今回の函館以上の大火を生ずることは決して不可能ではないのである。そういう場合、いかに常時の小火災に対する消防設備が完成していてもなんの役にも立つはずはない。それどころか五分十分以内に消し止める設備が完成すればするほど、万一の異常の条件によって生じた大火に対する研究はかえって忘れられる傾向がある。火事にも限らず、これで安心と思うときにすべての禍《わざわ》いの種が生まれるのである。

火事は地震や雷のような自然現象でもなく、「おやじ」やむすこのような自由意志を備えた存在でもなく、主としてセルロースと称する物質が空気中で燃焼する物理学的、化学的現象であって、そうして九九パーセントまでは人間自身の不注意から起こるものであるというのは周知の事実である。しかし、それだから火事は不可抗力《ふかこうりょく》でもなんでもないという説は必ずしも穏当《おんとう》ではない。なぜと言えば人間が「過失の動物」であるということは、統計的に見ても動かし難い天然自然の事実であるからである。しかしまた一方でこの過失は、適当なる統制方法によってある程度まで軽減し得られるというのも、また疑いのない事実である。

それで火災を軽減するには、一方では人間の過失を軽減する統制方法を講究《こうきゅう》し実施すると同時に、また一方では火災伝播《でんぱ》に関する基礎的な科学的研究を遂行し、その結果を実地に応用して消火の方法を研究することが必要である。

もちろん従来でも一部の人士の間では消防に関する研究がいろいろ行なわれており、また一方では防火に関する宣伝につとめている向きも決して少なくはないようであるが、それらの研究はまだ決して徹底的とは言い難く、宣伝の効果もはなはだ薄弱《はくじゃく》であると思われる。

消防当局のほうでもたとえばポンプや梯子《はしご》の改良とか、筒先の扱い方、消し口の駆け引きといったようなことはかなり詳しく論ぜられていても、まだまだ大事ないろいろの基礎的問題がたくさんに未研究のままで取り残されているのである。たとえば今回のような大火災の場合に当たって、火流前線がどれだけ以上になった場合に、どれだけの風速どの風向ではどの方向にどこまで焼けるかという予測が明確にでき、また気象観測の結果から風向旋転の順位が相当たしかに予測され、そうして出火当初に消防方針を定めまた市民に避難の経路を指導することができたとしたらおそらく、あれほどの大火には至らず、また少なくもあんなに多くの死人は出さずに済んだであろうと想像される。こういうことはあらかじめ充分に研究さえすれば決して不可能なことではないのである。

それからまた不幸にして最初の消防が失敗し、すでにもう大火と名のつく程度になってしまって、しかも三十メートルの風速で注水が霧吹きのように飛散して用をなさないというような場合に、いかにして火勢《かせい》を、食い止めないまでも次第に鎮圧《ちんあつ》すべきかということでも、現代科学の精髄《せいずい》を集めた上で一生懸命研究すれば決して絶対に不可能なことではないであろう。

現代日本人の科学に対する態度ほど不可思議なものはない。一方において科学の効果がむしろ滑稽《こっけい》なる程度にまで買いかぶられているかと思うと、一方ではまた了解《りょうかい》のできないほどに科学の能力が見くびられているのである。火災防止のごときは実に後者の適例の一つである。おそらく世界第一の火災国たる日本の消防がほとんど全く科学的素養に乏しい消防機関の手にゆだねられ、そうして、いちばん肝心な基礎科学はかえって無用の長物ででもあるように火事場からはいっさい疎外されているのである。

わが国で年々火災のために灰と煙になってしまう動産不動産の価格は実に二億円を超過している。年々火災のために生ずる死者の数は約二千人と見積もられている。十年たてば二十億円〔当時の国家予算は約二十二億円〕の金と二万人の命の損失である。関東震災の損害がいかに大きくてもそれは八十年か百年かに一回の出来事であるとすれば、これを年々根気よく克明に持続し繰り返す火事の災害に比すれば、長年の統計から見てはかえってそれほどのものではないと言われよう。

年に二千人と言えば全国的に見て僅少《きんしょう》かもしれないが、それでも天然痘《てんねんとう》や猩紅熱《しょうこうねつ》で死ぬ人の数よりは多い。また年二億円の損失は日本の世帯から見て非常に大きいとは言われないかもしれないが、それでも輸入超過年額《ゆにゅうちょうかねんがく》の幾割《いくわり》かに当たり、国防費《こくぼうひ》の何十パーセントにはなりうる。

これほどの損害であるのに一般世間はもちろんのこと、為政《いせい》の要路《ようろ》に当たる人々の大多数もこれについてほとんど全く無感覚であるかのように見えるのはいったいどういうわけであるか、実に不思議なようにも思われるのである。議会などでわずかばかりの予算の差額が問題になったり、またわずかな金のためにおおぜいの官吏《かんり》の首を切ったり俸給《ほうきゅう》を減らしたりするのも結構であるが、この火災による損失をいくぶんでも軽減することもたまには講究《こうきゅう》したらどんなものであろうかと思われる。この損失は全然無くすることは困難であるとしても、半分なり三分の一なりに減少することは決して不可能ではないのである。

火災による国家の損失を軽減してもなるほど直接現金は浮かび上がっては来ない。むしろかえって火災は金の動きの一つの原因とはなりうるかもしれない。このことが火災の損害に対する一般の無関心を説明する一つの要項であるには相違ないのであるが、しかしともかくも日本の国の富が年々二億円ずつ煙と灰になって消失しつつある事実を平気で見過ごすということは、少なくも為政《いせい》の要路に立つ人々の立場としてはあまりに申し訳のないことではないかと思われるのである。

文明を誇る日本帝国には国民の安寧《あんねい》を脅かす各種の災害に対して、それぞれ専門の研究所を設けている。健康保全に関するものでは伝染病研究所や癌《がん》研究所のようなもの、それから衛生試験所とか栄養研究所のようなものもある。地震に関しては大学地震研究所をはじめ中央気象台の一部にもその研究をつかさどるところがある。暴風や雷雨に対しては中央気象台に研究予報の機関が完備している。これらの設備の中にはいずれも最高の科学の精鋭を集めた基礎的研究機関を具備《ぐび》しているのである。しかるにまだ日本のどこにも一つの理化学的火災研究所のある話を聞いた覚えがないのである。

もちろん警視庁には消防部があって、そこでは消防設備方法に関する直接の講究練習に努力しておられることは事実であるが、ここでいわゆる火災研究とはそういうものではなくて、火災という一つの理化学的現象を純粋な基礎科学的な立場から根本的徹底的に研究する科学的研究をさしていうのである。

研究すべき問題は無数にある。発火の原因となるべき化学的物理学的現象の研究だけでもたくさんの問題が未解決のまま残されている。たとえばつい近ごろアメリカで、巻き煙草《たばこ》の吸いがらから火事の卵のできる比率条件について実験的研究を行なった結果の報告が発表されていた。しかしその結果が気候を異にする日本にどこまで適用されうるかについてはだれも知らない。またたとえばガソリンが地上にこぼれたとき、いかなる気象条件のもとにいかなる方向にいかなる距離で引火の危険率が何パーセントであるか、というようなことすらだれもまだ知らないことである。

火災延焼に関する法則も全然不明である。延焼を支配するものは当時の風向・風速・気温・湿度等のみならず、過去の湿度の履歴《りれき》効果も少なからず関係する。またその延焼区域の住民家屋の種類、密集の程度にもよることもちろんである。これらの支配因子が与えられた場合に、火災が自由に延焼するとすればいかなる速度でいかなる面積に広がるかという問題についてたしかな解答を与えることは現在において困難である。しかしこれとても研究さえすれば次第に判明すべき種類の事がらである。この基礎的の法則が判明しない限り、大火に対する有効な消防方針の決定されるはずはないのである。

火災の基礎的研究には単に自然科学方面のみならず、また心理学的方面、社会学的方面にも広大な分野が存在する。たとえば東京市の近年の火災について少しばかり調べてみた結果でも、市民一人あての失火《しっか》の比率とか、また失火を発見して即座に消し止める比率とか、そういう人間的因子が、たとえば京橋区《きょうばしく》、日本橋区《にほんばしく》のごとき区域と浅草《あさくさ》、本所《ほんじょ》のごとき区域とで顕著な区別のあることが発見されている。ともかくも、この種の研究を充分に進めた上で、消防署の配置や消火栓《しょうかせん》の分布を定めるのでなければ、決して合理的とは言えないであろうと思われる。

これらの研究は化学者、物理学者、気象学者、工学者はもちろん、心理学者、社会学者等の精鋭を集めてはじめて可能となるような難問題に当面するであろう。決して物ずきな少数学者の気まぐれな研究に任すべき性質のものでなく、消防吏員や保険会社の統計係の手にゆだねてそれで安心していられるようなものでもなく、国家の一機関として統制された研究所の研究室において徹底的系統的に研究さるべきものではないかと思われる。

西洋では今どきもう日本のような木造家屋集団の火災は容易に見られない。従ってこれに対する研究もまれであるのは当然である。しかし、西洋に木造都市の火事の研究がないからと言って日本人がそれに気兼ねをして研究を遠慮するには当たらない。それは、英独には地震が少ないからと言って日本で地震研究を怠《おこた》る必要のないと同様である。ノルウェーの理学者が北光《オーロラ》の研究で世界に覇《は》をとなえており、近ごろの日本の地震学者の研究はようやく欧米学界の注意を引きつつある。しかしそれでもまだ灸治《きゅうじ》〔お灸〕の研究をする医学者の少ないのと同じような特殊の心理から火事の研究をする理学者が少ないとしたら、それは日本のためになげかわしいことであろう。

アメリカでは都市の大火はなくても森林火災が頻繁《ひんぱん》でその損害も多大である。そのために特別な科学的研究機関もあり、あまり理想的ではないまでもともかくも各種の研究が行なわれ、その結果はある程度まで有効に予防と消火の実際に応用されている。西部の森林地帯では「火事日和《かじびより》」なるものを指定して警報を発する設備もあるようである。

わが国でも毎年四・五月ごろは山火事のシーズンである。同じ一日じゅうに全国各地数十か所でほとんど同時に山火事を発することもそう珍しくはない。そういう時はたいていきまって著《いちじる》しい不連続線が日本海を縦断して次第に本州に迫って来る際であって、同時に全国いったいに気温が急に高まって来るのが通例である。そういう時にたとえばラジオによって全国に火事注意の警報を発し、各村役場がそれを受け取った上でそれを山林地帯の住民に伝え、青年団や小学生の力をかりて一般の警戒を促すような方法でもとれば、それだけでもおそらく森林火災の損害を半減するくらいのことはできそうに思われる。われわれ素人《しろうと》の考えではこのくらいのことはいつでもわけもなくできそうに思われるのに、実際はまだどこでもそういう方法の行なわれているという話を聞かない。そうして年々数千万円の樹林が炎となり灰となって、いたずらにうさぎやたぬきを驚かしているのである。そうして国民の選良たる代議士でだれ一人として山火事に関する問題を口にする人はないようである。

数年前山火事に関する若干の調査をしたいと思い立って、目ぼしい山火事のあったときに自分の関係の某官衙《かんが》〔官庁・役所〕から公文書でその山火事のあった府県の官庁に掛け合って、その山火事の延焼の過程をできるだけ詳しく知らせてくれるように頼んでやったことがあった。しかしその結果は予期に反する大失敗であって、どこからもなんらの具体的の報告が得られなかったばかりか、返事さえもよこしてくれない県が多かった。これはおそらく、どこでも単に「山火事があった」「何千町歩《ちょうぶ》やけた」というくらいの大ざっぱなこと以上になんらの調査も研究もしていないということを物語るものであろうと思われた。ただささえ忙しい県庁のお役人様はこの上に山火事の調査まで仰《おお》せつかっては困ると言われるかもしれないが、しかしこれも日本のためだと思って、もう少しめんどうを見てもらいたいと思うのである。山が焼ければ間接には飛行機や軍艦が焼けたことになり、それだけ日本が貧乏になり国防が手薄になるのである。それだけ国民全体の負担は増す勘定である。

いずれにしても今回のような大火は文化をもって誇る国家の恥辱《ちじょく》であろうと思われる。昔の江戸でも火事の多いのが自慢の「花」ではなくて消防機関の活動が「花」であったのである。とにかくこのたびの災害を再びしないようにするためには単に北海道民のみならず日本全国民の覚醒《かくせい》を要するであろう。政府でも火災の軽減を講究する学術的機関を設ける必要のあることは前述のとおりであるが、民衆一般にももう少し火災に関する科学的知識を普及させるのが急務《きゅうむ》であろうと思われる。少なくもさし当たり小学校、中等学校の教程中に適当なる形において火災学《かさいがく》初歩のようなものを挿入《そうにゅう》したいものである。一方ではまたわが国の科学者がおりにふれてはそのいわゆるアカデミックな洞窟《どうくつ》をいでて、火災現象の基礎科学的研究にも相当の注意を払うことを希望したいと思う次第である。

まさにこの稿《こう》を書きおわらんとしているきょう四月五日の夕刊を見ると、この日午前十時十六分、函館西部から発火して七十一戸二十九棟《むね》を焼き、その際、消防手一名焼死数名負傷、罹災者《りさいしゃ》四百名中、先日の大火で焼け出され避難中の再罹災者七十名であると報ぜられている。

　昨日あった事は今日あり、今日あった事はまた明日もありうるであろう。函館にあったことがまたいつ東京・大阪にないとも限らぬ。考え得らるべき最悪の条件の組み合わせが明日にも突発しないとは限らないからである。同じ根本原因のある所に同じ結果がいつ発生しないと保証はできないのである。それで全国民は函館罹災民《りさいみん》の焦眉《しょうび》の急を救うために応分の力を添えることを忘れないと同時に、各自自身が同じ災禍《さいか》にかからぬように覚悟をきめることがいっそう大切であろう。そうしてこのような災害を避けるためのあらゆる方法施設は、火事というものの科学的研究にその基礎をおかなければならない、という根本の第一義を忘却しないようにすることがいちばん肝要であろうと思われるのである。

〔一九三四年五月〕

災難雑考

大垣《おおがき》の女学校の生徒が修学旅行で箱根へ来て一泊した翌朝、出発の間ぎわに監督の先生が記念の写真をとるというので、おおぜいの生徒が渓流に架《か》したつり橋の上に並んだ。すると、つり橋がぐらぐら揺れだしたのに驚いて生徒が騒ぎ立てたので、振動がますますはげしくなり、そのためにつり橋の鋼索《こうさく》〔ワイヤーロープ〕が断たれて、橋は生徒を載せたまま渓流に墜落《ついらく》し、無残にもおおぜいの死傷者を出したという記事が新聞に出た。これに対する世評も区々《それぞれ》で、監督の先生の不注意を責める人もあれば、そういう抵抗力の弱い橋を架けておいた土地の人を非難する人もあるようである。なるほどこういう事故が起こった以上は監督の先生にも土地の人にも全然責任がないとは言われないであろう。しかし、考えてみると、この先生と同じことをして無事に写真をとって帰って、生徒やその父兄たちに喜ばれた先生は何人あるかわからないし、この橋よりもっと弱い橋を架けて、そうしてその橋の堪《た》えうる最大荷重《かじゅう》についてなんの掲示もせずに通行人の自由に放任している町村をよく調べてみたら日本全国におよそどのくらいあるのか見当がつかない。それで今度のような事件はむしろあるいは落雷の災害などと比較されてもいいようなきわめて稀有《けう》な偶然のなすわざで、たまたまこの気まぐれな偶然のいたずらの犠牲になった生徒たちの不幸はもちろんであるが、その責任を負わされる先生も土地の人も誠に珍しい災難に会ったのだというふうに考えられないこともないわけである。

こういう災難に会った人を、第三者の立場から見て事後にとがめ立てするほどやさしいことはないが、それならばとがめる人がはたして自分でそういう種類の災難に会わないだけの用意が完全に周到にできているかというと、必ずしもそうではないのである。

早い話が、平生《へいせい》（いつも）地震の研究に関係している人間の目から見ると、日本の国土全体が一つのつり橋の上にかかっているようなもので、しかも、そのつり橋の鋼索があすにも断たれるかもしれないというかなりな可能性を前に控えているような気がしないわけには行かない。来年にもあるいはあすにも、宝永四（一七〇七）年または安政元（一八五四）年のような大規模な広区域地震が突発すれば、箱根のつり橋の墜落とは少しばかり桁数《けたすう》のちがった損害を国民国家全体が背負わされなければならないわけである。

つり橋の場合と地震の場合とはもちろん話がちがう。つり橋はおおぜいでのっからなければ落ちないであろうし、また断えず補強工事を怠らなければ安全であろうが、地震のほうは人間の注意不注意には無関係に、起こるものなら起こるであろう。

しかし、「地震の現象」と「地震による災害」とは区別して考えなければならない。現象のほうは人間の力でどうにもならなくても「災害」のほうは注意次第でどんなにでも軽減されうる可能性があるのである。そういう見地から見ると、大地震が来たらつぶれるにきまっているような学校や工場の屋根の下におおぜいの人の子を集団させている当事者は、言わば前述の箱根つり橋墜落事件の責任者と親類どうしになって来るのである。ちょっと考えるとある地方で大地震が数年以内に起こるであろうという確率と、あるつり橋にたとえば五十人乗ったためにそれがその場で落ちるという確率とは桁違いのように思われるかもしれないが、必ずしもそう簡単には言われないのである。

最近の例としては台湾《たいわん》の地震がある。

〔「台湾の地震」――ここでいうのは日本統治時代の一九三五年四月におきた「新竹・台中地震」。死者三千二百七十六人、倒壊した家屋一万七千九百七棟という甚大な被害が生じた〕

台湾は昔から相当烈震《れっしん》の多い土地で、二十世紀になってからでもすでに十回ほどは死傷者を出す程度のが起こっている。平均で言えば三年半に一回の割である。それが五年も休止状態にあったのであるから、そろそろまた一つぐらいはかなりなのが台湾じゅうのどこかに襲って来てもたいした不思議はないのであって、そのくらいの予言ならば何も学者を待たずともできたわけである。しかし今度襲われる地方がどの地方でそれが何月何日ごろに当たるであろうということを的確に予知することは今の地震学では到底不可能であるので、そのおかげで台湾島民は烈震が来れば必ずつぶれて、つぶれれば圧死する確率のきわめて大きいような泥土《でいど》の家に安住していたわけである。それでこの際そういう家屋の存在を認容していた総督府《そうとくふ》当事者の責任を問うて、とがめ立てることもできないことはないかもしれないが、当事者の側から言わせるとまたいろいろ無理のない事情があって、この危険な土角造《トウカツづく》り〔粘土を固めて作ったレンガのようなもので建てた家〕の民家を全廃することはそう容易ではないらしい。何よりも困難なことには、内地のような木造家屋は地震には比較的安全だが台湾ではすぐに名物の白蟻《しろあり》に食べられてしまうので、その心配がなくて、しかも熱風防御に最適でその上に金のかからぬといういわゆる土角造《トウカツづく》りが、生活程度のきわめて低い土民に重宝がられるのは自然の勢いである。もっとも阿里山《ありさん》の紅檜《べにひ》を使えば比較的あまりひどくは白蟻に食われないことが近ごろわかって来たが、あいにくこの事実がわかったころには同時にこの肝心の材料がおおかた伐《き》り尽くされてなくなった事がわかったそうである。政府で歳入の帳尻《ちょうじり》を合わせるために無茶苦茶にこの材木の使用を宣伝し奨励して棺桶《かんおけ》などにまでこの良材を使わせたせいだといううわさもある。これはゴシップではあろうが、とかくあすの事はかまわぬがちの現代為政者のしそうなことと思われて、おかしさに涙がこぼれる。それはとにかく、さし当たってそういう土民に鉄筋コンクリートの家を建ててやるわけにも行かないとすれば、なんとかして現在の土角造《トウカツづく》りの長所を保存して、その短所を補うようなしかも費用のあまりかからぬ簡便な建築法を研究してやるのが急務ではないかと思われる。それを研究するにはまず土角造《トウカツづく》りの家がいかなる順序でいかにこわれたかをくわしく調べなければならないであろう。もっとも自分などが言うまでもなく当局者や各方面の専門学者によってそうした研究がすでに着々合理的に行なわれていることであろうと思われるが、同じようなことは箱根のつり橋についても言われる。だれの責任であるとか、ないとかいうあとの祭りのとがめ立てを開き直って子細らしくするよりも、もっともっとだいじなことは、今後いかにしてそういう災難を少なくするかを慎重に攻究《こうきゅう》することであろうと思われる。それには問題のつり橋のどの鋼索のどのへんが第一に切れて、それから、どういう順序で他の部分が破壊したかという事故の物的経過を災害の現場について詳しく調べ、その結果を参考して次の設計の改善に資するのが何よりもいちばんたいせつなことではないかと思われるのである。しかし多くの場合に、責任者に対するとがめ立て、それに対する責任者の一応の弁解、ないしは引責《いんせき》というだけでその問題が完全に落着したような気がして、いちばんたいせつな物的調査による後難《こうなん》の軽減という眼目《がんもく》が忘れられるのが通例のようである。これではまるで責任というものの概念がどこかへ迷子になってしまうようである。はなはだしい場合になると、なるべくいわゆる「責任者」を出さないように、つまりだれにも咎《とが》を負わせないように、実際の事故の原因をおしかくしたり、あるいは見て見ぬふりをして、何かしらもっともらしい不可抗力によったかのように付会《ふかい》してしまって、そうしてその問題を打ち切りにしてしまうようなことが、つり橋事件などよりもっと重大な事件に関して行なわれた実例が諸方面にありはしないかという気がする。そうすればそのさし当たりの問題はそれで形式的には収まりがつくが、それでは、全く同じような災難があとからあとから幾度でも繰り返して起こるのがあたりまえであろう。そういう弊《へい》の起こる原因はつまり、責任の問い方が見当をちがえているためではないかと思う。人間に免《まぬが》れぬ過失自身を責める代わりに、その過失を正当に償わないことをとがめるようであれば、こんな弊《へい》の起こる心配はないはずであろうと思われるのである。

たとえばある工学者がある構造物を設計したのがその設計に若干《じゃっかん》の欠陥《けっかん》があってそれが倒壊《とうかい》し、そのために人がおおぜい死傷《ししょう》したとする。そうした場合に、その設計者が引責辞職してしまうかないし切腹して死んでしまえば、それで責めをふさいだというのはどうもうそではないかと思われる。その設計の詳細をいちばんよく知っているはずの設計者自身が主任になって倒壊の原因と経過とを徹底的に調べ上げて、そうしてその失敗を踏み台にして徹底的に安全なものを造り上げるのが、むしろほんとうに責めを負うゆえんではないかという気がするのである。

ツェッペリン飛行船などでも、最初から何度となく苦《にが》い失敗を重ねたにかかわらず、当の責任者のツェッペリン伯は決して切腹もしなければ隠居もしなかった。そのおかげでとうとういわゆるツェッペリンが物になったのである。もしも彼がかりにわが日本政府の官吏《かんり》であったと仮定したら、はたしてどうであったかを考えてみることを、賢明なる本誌読者の銷閑《しょうかん》［ひまつぶし］パズルの題材としてここに提出したいと思う次第である。

これに関連したことで自分が近年で実に胸のすくほど愉快《ゆかい》に思ったことが一つある。それは、日本航空輸送会社の旅客飛行機白鳩号《しろはとごう》というのが九州の上空で悪天候のために針路を失して山中に迷い込み、どうしたわけか、機体が空中で分解してばらばらになって林中に墜落した事件について、その事故を徹底的に調査する委員会ができて、おおぜいの学者が集まってあらゆる方面から詳細な研究を遂行《すいこう》し、その結果として、このだれ一人目撃者の存《そん》しない空中事故の始終《しじゅう》の経過が実によく手にとるようにありありと推測されるようになって来て、事故の第一原因がほとんど的確に突き留められるようになり、従って将来、同様の原因から再び同様な事故を起こすことのないような端的《たんてき》な改良をすべての機体に加えることができるようになったことである。

この原因を突きとめるまでに主としてY教授によって行なわれた研究の経過は、下手な探偵小説などの話の筋道よりは実にはるかにおもしろいものであった。乗組員は全部墜死《ついし》してしまい、しかも事故の起こったよりずっと前から機上よりの無線電信も途絶《とだ》えていたから、墜落前の状況については全くだれ一人知った人はない。しかし、幸いなことには墜落現場における機体の破片の散乱した位置が詳しく忠実に記録されていて、その上にまたそれら破片の現品がたんねんに当時のままの姿で収集され、そのまま手つかずに保存されていたので、Y教授はそれを全部取り寄せてまずそのばらばらの骨片から機の骸骨《がいこつ》をすっかり組み立てるという仕事にかかった。そうしてその機材の折れ目割れ目を一つ一つ番号をつけてはしらみつぶしに調べて行って、それらの損所《そんしょ》の機体における分布の状況やまた折れ方の種類のいろいろな型を調べ上げた。折れた機材どうしが空中でぶつかったときにできたらしい傷あとも一々たんねんに検査して、どの折片《せっぺん》がどういう向きに衝突したであろうかということを確かめるために、そうした引っかき傷の蝋形《ろうがた》を取ったのとそれらしい相手の折片の表面にある鋲《びょう》の頭の断面と合わしてみたり、また鋲の頭にかすかについているペンキを虫めがねで吟味したり、ここいらはすっかりシャーロック・ホームズの行き方であるが、ただ科学者のY教授が小説に出て来る探偵とちがうのは、このようにして現品調査で見当をつけた考えを、あとから一々実験で確かめて行ったことである。それには機材とほぼ同様な形をした試片《しへん》をいろいろに押し曲げてへし折ってみて、その折れ口の様子を見てはそれを現品のそれと比べたりした。その結果として、空中分解の第一歩がどこの折損《せっそん》から始まり、それからどういう順序で破壊が進行し、同時に機体が空中でどんな形に変形しつつ、どんなふうに旋転《せんてん》しつつ墜落して行ったかということのだいたいの推測がつくようになった。しかしそれでは肝心の事故の第一原因はわからないのでいろいろ調べているうちに、片方の補助翼《ほじょよく》を操縦する鋼索《こうさく》の張力を加減するためにつけてあるタンバックルと称するネジがある、それがもどるのを防ぐために通してある銅線が一か所切れてネジが抜けていることを発見した。それから考えると、なんらかの原因でこの留めの銅線が切れてタンバックルが抜けたために補助翼がぶらぶらになったことが事故の第一歩と思われた。そこで今度は飛行機翼の模型を作って風洞《ふうどう》で風を送って試験してみたところが、ある風速以上になると、補助翼をぶらぶらにした機翼はひどい羽ばたき振動を起こして、そのために支柱が「くの字形」に曲げられることがわかった。ところが、前述の現品調査の結果でも、まさしくこの支柱が最初に折れたとするとすべてのことが符合するのである。こうなって来るともうだいたいの経過の見通しがついたわけであるが、ただ大切なタンバックルの留め針金がどうして切れたか、またちょっと考えただけでは抜けそうもないネジがどうして抜け出したかがわからない。そこで今度は現品と同じ鋼索とタンバックルの組み合わせをいろいろな条件のもとに周期的に引っぱったりゆるめたりして試験した結果、実際に想像どおりに破壊の過程が進行することを確かめることができたのであった。要するにたった一本の銅線に生命がつながっていたのに、それをだれも知らずに安心していた。そういう実にだいじなことがこれだけの苦心の研究でやっとわかったのである。さて、これがわかった以上、この命の綱を少しばかり強くすれば、今後は少なくもこの同じ原因から起こる事故だけはもう絶対になくなるわけである。

この点でも科学者の仕事と探偵《たんてい》の仕事とは少しちがうようである。探偵は罪人を見つけ出しても将来の同じ犯罪をなくすることはむつかしそうである。

しかし、飛行機を墜落させる原因になる「罪人」は数々あるので、科学的探偵の目こぼしになっているのがまだどれほどあるか見当はつかない。それがたくさんあるらしいと思わせるのは時によると実に頻繁《ひんぱん》に新聞で報ぜられる飛行機墜落事故の継起《けいき》である。もっとも非常時の陸海軍では、民間飛行の場合などとちがって軍機〔軍事機密〕の制約から来るいろいろな止《や》み難い事情のために事故の確率が多くなるのは当然かもしれないが、いずれにしても成ろうことならすべての事故の徹底的調査をして真相を明らかにし、そうして後難を無くするという事は新しい飛行機の数を増すと同様にきわめて必要なことであろうと思われる。これはまた飛行機に限らずあらゆる国防の機関についても同様に言われることである。もちろん当局でもそのへんに遺漏《いろう》のあるはずはないが、しかし一般世間ではどうかすると誤った責任観念からいろいろの災難事故の真因《しんいん》が抹殺され、そのおかげで表面上の責任者は出ない代わりに、同じ原因による事故の犠牲者が跡を絶たないということが珍しくないようで、これは困ったことだと思われる。これでは犠牲者は全く浮かばれない。伝染病患者を内証《ないしょう》にしておけば患者がふえる。あれと似たようなものであろう。

こうは言うもののまたよくよく考えて見ていると、災難の原因を徹底的に調べてその真相を明らかにして、それを一般に知らせさえすれば、それでその災難はこの世に跡を絶つというような考えは、ほんとうの世の中を知らない人間の机上《きじょう》の空想に過ぎないではないかという疑いも起こって来るのである。

早い話が、むやみに人殺しをすれば後には自分も大概は間違いなく処刑されるということはずいぶん昔からよくだれにも知られているにかかわらず、いつになっても、自分では死にたくない人で人殺しをするものの種が尽きない。若い時分に大酒をのんで無茶な不養生《ふようじょう》をすれば頭やからだを痛めて年取ってから難儀《なんぎ》することは明白でも、そうして自分にまいた種の収穫時に後悔しない人はまれである。

大津波が来るとひと息に洗い去られて生命財産ともに泥水の底に埋められるにきまっている場所でも、繁華《はんか》な市街が発達して何十万人の集団が利権の争闘に夢中になる。いつ来るかもわからない津波の心配よりもあすの米びつの心配のほうがより現実的であるからであろう。生きているうちに一度でも金をもうけて三日でも栄華の夢を見さえすれば津波にさらわれても遺憾《いかん》はないという、そういう人生観をいだいた人たちがそういう市街を造って集落するのかもしれない。それを止めだてするというのがいいかどうか、いいとしてもそれが実行可能かどうか、それは、なかなか容易ならぬむつかしい問題である。事によると、このような人間の動きを人間の力でとめたりそらしたりするのは天体の運行を勝手にしようとするよりもいっそう難儀なことであるかもしれないのである。

また一方ではこういう話がある。ある遠い国の炭鉱《たんこう》では鉱山主が爆発防止の設備を怠って充分にしていない。監督官《かんとくかん》が検査に来ると現に掘っている坑道はふさいで廃坑だということにして見せないで、検査に及第《きゅうだい》する坑だけ見せる。それで検閲《けんえつ》はパスするが時々爆発が起こるというのである。真偽《しんぎ》は知らないが可能な事ではある。

こういうふうに考えて来ると、あらゆる災難は一見不可抗的《ふかこうてき》のようであるが実は人為的のもので、従って科学の力によって人為的にいくらでも軽減しうるものだという考えをもう一ぺんひっくり返して、結局災難は生じやすいのにそれが人為的であるがためにかえって人間というものを支配する不可抗な法則の支配を受けて不可抗なものであるという、奇妙な回りくどい結論に到達しなければならないことになるかもしれない。

理屈はぬきにして古今東西を通ずる歴史という歴史がほとんどあらゆる災難の歴史であるという事実から見て、今後少なくも二千年や三千年は昔からあらゆる災難を根気よく繰り返すものと見てもたいした間違いはないと思われる。少なくもそれが一つの科学的宿命観でありうるわけである。

もしもこのように災難の普遍性《ふへん》恒久性《こうきゅう》が事実であり天然の法則であるとすると、われわれは「災難の進化論的意義」といったような問題に行き当たらないわけには行かなくなる。平たく言えば、われわれ人間はこうした災難に養いはぐくまれて育って来たものであって、ちょうど野菜や鳥獣魚肉を食って育って来たと同じように災難を食って生き残って来た種族であって、野菜や肉類が無くなれば死滅しなければならないように、災難が無くなったらたちまち「災難饑餓《さいなんきが》」のために死滅すべき運命におかれているのではないかという変わった心配も起こし得られるのではないか。

古い中国人の言葉で「艱難《かんなん》汝《なんじ》を玉にす」といったような言い草があったようであるが、これは進化論以前のものである。植物でも少しいじめないと花実をつけないものが多いし、ぞうり虫パラメキウムなどでもあまり天下泰平《てんかたいへい》だと分裂生殖が終息して死滅するが、汽車にでものせて少しゆさぶってやると復活する。このように、虐待は繁盛《はんじょう》のホルモン、災難は生命の醸母《じょうぼ》であるとすれば、地震も結構、台風も歓迎、戦争も悪疫《あくえき》も礼賛《らいさん》に値するのかもしれない。

日本の国土などもこの点では相当恵まれているほうかもしれない。うまいぐあいに世界的に有名なタイフーンのいつも通る道筋に並行して島弧《とうこ》が長く延長しているので、たいていの台風はひっかかるような仕掛けにできている。また大陸塊《たいりくかい》の縁辺《えんぺん》のちぎれの上に乗っかって前には深い海溝《かいこう》を控えているおかげで、地震や火山の多いことはまず世界じゅうの大概の地方にひけは取らないつもりである。その上に、冬のモンスーンは火事をあおり、春の不連続線は山火事をたきつけ、夏の山水美はまさしく雷雨の醸成に適し、秋の野分《のわき》は稲の花時刈り入れ時をねらって来るようである。日本人を日本人にしたのは実は学校でも文部省でもなくて、神代《かみよ》から今日まで根気よく続けられて来たこの災難教育であったかもしれない。もしそうだとすれば、科学の力をかりて災難の防止を企て、このせっかくの教育の効果をいくぶんでも減殺《げんさい》しようとするのは考えものであるかもしれないが、幸か不幸か今のところまずその心配はなさそうである。いくら科学者が防止法を発見しても、政府はそのままにそれを採用実行することが決してできないように、また一般民衆はいっこうそんな事には頓着《とんちゃく》しないように、ちゃんと世の中ができているらしく見えるからである。

植物や動物はたいてい人間よりも年長者で人間時代以前からの教育を忠実に守っているから、かえって災難を予想してこれに備える事を心得ているか、少なくもみずから求めて災難を招くような事はしないようであるが、人間は先祖のアダムが知恵の木の実を食ったおかげで数万年来受けて来た教育をばかにすることを覚えたために、新しいいくぶんの災難をたくさん背負い込み、目下《もっか》その新しい災難から初歩の教育を受け始めたような形である。これからの修行が何十世紀かかるか、これはだれにも見当がつかない。

災難は日本ばかりとは限らないようである。お隣のアメリカでも、たまには相当な大地震があり、大山火事があるし、時にまた日本にはあまり無い「熱波」「寒波」の襲来を受けるほかに、かなりしばしば猛烈な大旋風トルネード〔竜巻〕に引っかき回される。たとえば一九三四年の統計によると総計百十四回のトルネードに見舞われ、その損害額三百八十三万三千ドル、死者四十名であったそうである。北米大陸では大山脈が南北に走っているためにこうした特異な現象に富んでいるそうで、この点欧州よりは少なくも一つだけ多くの災害の種に恵まれているわけである。北米の南方ではわがタイフーンの代わりにその親類のハリケーンを享有《きょうゆう》しているからますます心強いわけである。

西北隣のロシアシベリアではあいにく地震も噴火も台風もないようであるが、そのかわりに海をとざす氷と、人馬を窒息させるふぶきと、大地の底まで氷らせる寒さがあり、また年を越えて燃える野火がある。決して負けてはいないようである。

中華民国には地方によってはまれに大地震もあり大洪水もあるようであるが、しかしあの厖大《ぼうだい》なシナの主要な国土の大部分は、気象的にも地球物理的にも比較的にきわめて平穏な条件のもとにおかれているようである。その埋め合わせというわけでもないかもしれないが、昔から相当に戦乱が頻繁《ひんぱん》で主権の興亡盛衰《こうぼうせいすい》のテンポがあわただしくその上にあくどい暴政の跳梁《ちょうりょう》のために、庶民の安堵《あんど》する暇《いとま》が少ないように見える。

災難にかけては誠に万里同風《ばんりどうふう》〔どこも同じ〕である。浜の真砂《まさご》が磨滅《まめつ》して泥《どろ》になり、野の雑草の種族が絶えるまでは、災難の種も尽きないというのが自然界人間界の事実であるらしい。雑草といえば、野山に自生する草で何かの薬にならぬものはまれである。いつか『アサヒグラフ』にいろいろな草の写真とその草の薬効とが満載されているのを見て実に不思議な気がした。大概の草は何かの薬であり、薬でない草を捜すほうが骨が折れそうに見えるのである。しかしよく考えてみるとこれは何も神様が人間の役に立つためにこんないろいろの薬草をこしらえてくれたのではなくて、これらの天然の植物にはぐくまれ、ちょうどそういうものの成分になっているアルカロイドなどが薬になるようなふうに適応して来た動物からだんだんに進化して来たのが人間だと思えば、たいした不思議ではなくなるわけである。同じようなわけで、大概の災難でも何かの薬にならないというのはまれなのかもしれないが、ただ、薬も分量を誤れば毒になるように、災難も度が過ぎると個人を殺し国を滅ぼすことがあるかもしれないから、あまり無制限に災難歓迎を標榜《ひょうぼう》するのも考えものである。

以上のような進化論的災難観とは少しばかり見地をかえた優生学的《ゆうせいがく》災難論といったようなものもできるかもしれない。災難を予知したり、あるいはいつ災難が来てもいいように防備のできているような種類の人間だけが災難を生き残り、そういう「ノア」の子孫だけが繁殖すれば知恵の動物としての人間の品質はいやでもだんだん高まって行く一方であろう。こういう意味で災難は優良種を選択する試験のメンタルテストであるかもしれない。そうだとすると逆に災難をなくすればなくするほど人間の頭の働きは平均して鈍いほうに移って行く勘定である。それで、人間の頭脳の最高水準を次第に引き下げて、賢い人間やえらい人間をなくしてしまって、四海兄弟みんな凡庸な人間ばかりになったというユートピアを夢みる人たちには徹底的な災難防止が何よりの急務であろう。ただそれに対して一つの心配することは、最高水準を下げると同時に最低水準も下がるというのは自然の変異《ヴァリエーション》の法則であるから、このユートピアンの努力の結果はつまり人間を次第に類人猿《るいじんえん》の方向に導くということになるかもしれないということである。

いろいろと持って回って考えてみたが、以上のような考察からは結局なんの結論も出ないようである。このまとまらない考察の一つの収穫は、今まで自分など机上で考えていたような楽観的な科学的災害防止可能論に対する一抹《いちまつ》の懐疑《かいぎ》である。この疑いを解くべきかぎはまだ見つからない。これについて読者の示教《しきょう》を仰ぐことができれば幸いである。

〔一九三五年七月〕

流言蜚語《りゅうげんひご》

長い管の中へ、水素と酸素とを適当な割合に混合したものを入れておく。そうしてその管の一端に近いところで、小さな電気の火花を瓦斯《ガス》の中で飛ばせる。するとその火花のところで始まった燃焼が、次へ次へと伝播《でんぱ》して行く。伝播の速度が急激に増加し、遂にいわゆる爆発の波となって、驚くべき速度で進行して行く。これはよく知られた事である。

ところが水素の混合の割合があまり少な過ぎるか、あるいは多過ぎると、たとえ火花を飛ばせても燃焼が起こらない。尤《もっと》も火花のすぐそばでは、火花のために化学作用が起こるが、そういう作用が、四方へ伝播《でんぱ》しないで、そこ限りですんでしまう。

流言蜚語《りゅうげんひご》の伝播の状況には、前記の燃焼の伝播の状況と、形式の上から見て幾分《いくぶん》か類似した点がある。

最初の火花に相当する流言の「源」がなければ、流言蜚語は成立しない事は勿論であるが、もしもそれを次へ次へと受け次ぎ取り次ぐべき媒質《ばいしつ》が存在しなければ「伝播」は起らない。従っていわゆる流言《りゅうげん》が流言として成立し得ないで、その場限りに立ち消えになってしまう事も明白である。

それで、もし、ある機会に、東京市中に、ある流言蜚語の現象が行われたとすれば、その責任の少なくも半分は市民自身が負わなければならない。事によるとその九割以上も負わなければならないかもしれない。何とならば、ある特別な機会には、流言の源となり得べき小さな火花が、故意にも偶然にも到《いた》る処《ところ》に発生するという事は、ほとんど必然な、不可抗的《ふかこうてき》な自然現象であるとも考えられるから。そしてそういう場合にもし市民自身が伝播の媒質《ばいしつ》とならなければ流言は決して有効に成立し得ないのだから。

「今夜の三時に大地震がある」という流言を発したものがあったと仮定する。もしもその町内の親爺株《おやじかぶ》の人の例えば三割でもが、そんな精密な地震予知の不可能だという現在の事実を確実に知っていたなら、そのような流言の卵は孵化《かえ》らないで腐ってしまうだろう。これに反して、もしそういう流言が有効に伝播《でんぱ》したとしたら、どうだろう。それは、このような明白な事実を確実に知っている人が如何に少数であるかという事を示す証拠と見られても仕方がない。

大地震、大火事の最中に、暴徒《ぼうと》が起こって東京中の井戸に毒薬を投じ、主要な建物に爆弾を投じつつあるという流言が放《はな》たれたとする。その場合に、市民の大多数が、仮に次のような事を考えてみたとしたら、どうだろう。

例えば市中の井戸の一割に毒薬を投ずると仮定する。そうして、その井戸水を一人の人間が一度飲んだ時に、その人を殺すか、ひどい目に逢《あ》わせるに充分なだけの濃度にその毒薬を混ずるとする。そうした時に果《はた》してどれだけの分量の毒薬を要するだろうか。この問題に的確に答えるためには、勿論《もちろん》まず毒薬の種類を仮定した上で、その極量《きょくりょう》〔薬品使用の安全上の上限〕を推定し、また一人が一日に飲む水の量や、井戸水の平均全量《ぜんりょう》や、市中の井戸の総数や、そういうものの概略《がいりやく》な数値を知らなければならない。しかし、いわゆる科学的常識というものからくる漠然とした概念的の推算《すいさん》をしてみただけでも、それが如何に多大な分量を要するだろうかという想像ぐらいはつくだろうと思われる。いずれにしても、暴徒は、地震前からかなり大きな毒薬のストックをもっていたと考えなければならない。そういう事は有り得ない事ではないかもしれないが、少しおかしい事である。

仮にそれだけの用意があったと仮定したところで、それからさきがなかなか大変である。何百人、あるいは何千人の暴徒に一々部署を定めて、毒薬を渡して、各方面に派遣しなければならない。これがなかなか時間を要する仕事である。さてそれが出来たとする。そうして一人一人に授けられた缶を背負って出掛けた上で、自分の受け持ち方面の井戸の在所《ありか》を捜して歩かなければならない。井戸を見付けて、それから人の見ない機会をねらって、いよいよ投下する。しかし有効にやるためにはおおよその井戸水の分量を見積《みつも》ってその上で投入の分量を加減しなければならない。そうして、それを投入した上で、よく溶解《ようかい》し混和《こんわ》するようにかき交ぜなければならない。考えてみるとこれはなかなか大変な仕事である。

こんな事を考えてみれば、毒薬の流言を、全然信じないとまでは行かなくとも、少なくも銘々の自宅の井戸についての恐ろしさはいくらか減じはしないだろうか。

爆弾の話にしても同様である。市中の目ぼしい建物に片ッぱしから投げ込んであるくために必要な爆弾の数量や人手を考えてみたら、少なくも山の手の貧しい屋敷町の人々の軒並に破裂しでもするような過度の恐慌を惹《ひ》き起こさなくてもすむ事である。

尤《もっと》も、非常な天災などの場合にそんな気楽な胸算用《むなざんよう》などをやる余裕があるものではないといわれるかもしれない。それはそうかもしれない。そうだとすれば、それはその市民に、本当の意味での活《い》きた科学的常識が欠乏《けつぼう》しているという事を示すものではあるまいか。

科学的常識というのは、何も、天王星の距離を暗記していたり、ヴィタミンの色々な種類を心得ていたりするだけではないだろうと思う。もう少し手近なところに活きて働くべき、判断の標準になるべきものでなければなるまいと思う。

勿論《もちろん》、常識の判断はあてにはならない事が多い。科学的常識は猶更《なおさら》である。しかし適当な科学的常識は、事に臨《のぞ》んで吾々《われわれ》に「科学的な省察《せいさつ》の機会と余裕」を与える。そういう省察の行われるところにはいわゆる流言蜚語のごときものは著《いちじる》しくその熱度と伝播《でんぱ》能力を弱められなければならない。たとえ省察の結果が誤っていて、そのために流言が実現されるような事があっても、少なくも文化的市民としての甚《はなは》だしい恥辱《ちじょく》を曝《さら》す事なくて済みはしないかと思われるのである。

〔一九二四年九月〕

断水の日

十二月八日の晩にかなり強い地震があった。それは私が東京に住まうようになって以来覚えないくらい強いものであった。振動周期の短い主要動《しゅようどう》の始めの部分に次《つ》いでやって来る緩慢《かんまん》な波動《はどう》が明らかにからだに感ぜられるのでも、この地震があまり小さなものではないと思われた。このくらいのならあとから来る余震《よしん》が相当に頻繁《ひんぱん》に感じられるだろうと思っていると、はたしてかなり鮮明なのが相次《あいつ》いでやって来た。

山の手の、地盤《じばん》の固いこのへんの平家《ひらや》でこれくらいだから、神田《かんだ》へんの地盤の弱い所では壁がこぼれるくらいの所はあったかもしれないというような事を話しながら寝てしまった。

翌朝の新聞で見ると実際下町ではひさしの瓦《かわら》が落ちた家もあったくらいで、まず明治二十八〔一八九五〕年来の地震だという事であった。そしてその日の夕刊に淀橋近くの水道の溝渠《こうきょ》〔排水路〕がくずれて付近が洪水のようになり、そのために東京全市が断水《だんすい》に会う恐れがあるので、今大急ぎで応急工事をやっているという記事が出た。

偶然その日の夕飯の膳《ぜん》で私たちはエレベーターの話をしていた。あれをつるしてある鋼条《こうじょう》〔ワイヤーロープ〕が切れる心配はないかというような質問が子供のうちから出たので、私はそのような事のあった実例を話し、それからそういう危険を防止するために鋼条の弱点の有無《うむ》を電磁《でんじ》作用で不断《ふだん》に検査する器械の発明されている事も話しなどした。それを話しながらも、また話したあとでも、私の頭の奥のほうで、現代文明の生んだあらゆる施設の保存期限が経過した後に起こるべき種々な困難がぼんやり意識されていた。これは昔、天が落ちて来はしないかと心配した杞《き》の国の人の取り越し苦労とはちがって、あまりに明白すぎるほど明白な、有限な未来にきたるべき当然の事実である。たとえばやや大きな地震があった場合に都市の水道やガスがだめになるというような事は、初めから明らかにわかっているが、また不思議に皆がいつでも忘れている事実である。

それで食後にこの夕刊の記事を読んだ時に、なんとなしに変な気持ちがした。今のついさきに思った事とあまりによく適応したからである。

それにしても、その程度の地震で、それぼかりで、あの種類の構造物が崩壊するのは少しおかしいと思ったが、新聞の記事をよく読んでみると、かなり以前から多少亀裂《きれつ》でもはいって弱点のあったのが地震のために一度に片付いてしまったのであるらしい。そのような亀裂の入ったのはどういうわけだか、たとえば地盤の狂いといったような不可抗の理由によるのか、それとも工事が元来あまり完全ではなかったためだか、そんな事は今のところだれにもわからない問題であるらしい。

それはいずれにしても、こういう困難はいつかは起こるべきはずのもので、これに対する応急の処置や設備はあらかじめ充分に研究されてあり、またそのような応急工事の材料や手順はちゃんと定められていた事であろうと思って安心していた。

十日は終日雨が降った、そのために工事が妨げられもしたそうで、とうとう十一日は全市断水という事になった。ずいぶん困った人が多かったには相違ないが、それでも私のうちでは幸いに隣の井戸が借りられるのでたいした不便はなかった。昼ごろ用があって花屋へ行って見たらすべての花は水々《みずみず》していた。昼過ぎに、遠くない近所に火事があったがそれもまもなく消えた。夕刊を見ながら私は断水の不平よりはむしろ修繕《しゅうぜん》工事を不眠不休で監督しているいわゆる責任のある当局の人たちの心持ちを想像して、これも気の毒でたまらないような気もした。

このような事のある一方で、私の宅《うち》の客間の電燈《でんとう》をつけたり消したりするために壁に取りつけてあるスイッチが破損《はそん》して、明かりがつかなくなってしまった。電燈会社の出張所へ掛け合ってみたが、会社専用のスイッチでなくて、式のちがったのだから、こちらで買ってからでないと付け換《か》えてくれない。それでやむを得ず私は道具箱の中から銅線の切れはしを捜《さが》し出して、ともかくも応急の修理を自分でやって、その夜はどうにか間に合わせた。その時に調べてみると、ボタンを押した時に電路を閉じるべき銅板《どうばん》のばねの片方の翼が根元から折れてしまっていたのである。

実はよほど前に、便所に取り付けてある同じ型のスイッチが、やはり同じ局部の破損のために役に立たなくなって、これもその当座《とうざ》自分で間に合わせの修理をしたままで、ついそれなりにしておいたのである。取り付けてからまだ三年にもならないうちに二個までも同じ部分が破損するところを見ると、このスイッチのこしらえ方はあまりよくないと言わなければならない。もう少し作り方なり材料なりを親切に研究したのなら、これほどもろくできるはずはないだろうと思われた。銅板を曲げた角《かど》の所にはどの道かなり無理がいっているから、あとで適当になますとか、あるいは使用のたびにそこに無理が繰り返されないように構造のほうをくふうするとか、なんとかしてほしいものだと思った。

水道の断水とスイッチの故障との偶然な合致《がっち》から、私はいろいろの日本でできる日用品について平生《へいせい》から不満に思っていた事を一度に思い出させられるような心持ちになって来た。

第一に思い出したのが呼び鈴《りん》の事であった。

今の住居に移った際に近所の電気屋さんに頼んで、玄関や客間の呼び鈴を取り付けてもらった。ところが、それがどうも故障が多くて鳴らぬ勝ちである。電池が悪いかと思って取り換えてもすぐいけなくなる。よく調べてみると銅線の接合した所はハンダ付けもしないでテープも巻かずにちょっとねじり合わせてあるのだが、それが台所の戸棚《とだな》の中などにあるからまっ黒くさびてしまっている。それをみがいて継ぎ直したらいくらかよくなったが、またすぐにいけなくなる。だんだんに吟味《ぎんみ》してみると電鈴《ベル》自身のこしらえ方がどうしてもほんとうでないらしい。ほんとうなら白金《はくきん》か何か酸化しない金属を付けておくべき接触点がニッケルぐらいでできているので、少し火花が出るとすぐに電気を通さなくなるらしい。時々そこをゴリゴリすり合わせるとうまく鳴るが、毎日忘れずにそれをやるのはやっかいである。

これはいったいコイルの巻き数や銅線の大きさなどが全くいいかげんにできていて、むやみに強い電流が流れるからと思われる。それだからちょっとやってみる試験には通過しても、長い使用には堪えないように初めからできている。それを二年も三年も使おうというほうが無理だということがわかった。そしてずいぶん不愉快な気がした。こういうものが平気に市場に出ていて、だれでもがそれを甘んじて使っているかと思うのが不愉快であった。しかしまさかこんなにせ物ばかりもあるまいと思って、試みに銀座のある信用ある店でよく聞きただした上で買って来たのを付け換えたら、今度はまずいいようである。ついでに導線の接合をすっかりハンダで付けさせようと思ったが前の電気屋はとうの昔どこかへ引っ越していなくなったし、別のに頼んでみるとめんどうくさがって、そしてハンダ付けなど必要はないと言ってなかなかやってはくれない。

少々価は高くとも長い使用に堪《た》えるほんとうのものがほしいと思っても、そんなものは今の市場ではなかなか容易には得られない。たとえばプラチナを使った呼び鈴などは、高くてだれも買い手はないそうである。これは実際それほど必要ではないかもしれないが、プラチナを使わないなら使わなくてもいいだけに、ほかの部分の設計ができていないのはどうも困る。

私の頼んだ電気屋が偶然最悪のものであったかもしれないが、ほうぼうに鳴らない玄関の呼び鈴が珍しくないところから見ると私と同じ場合はかなりに多いかもしれない。もしこんな電気屋が栄え、こんな呼び鈴がよく売れるとすると、その責任の半分ぐらいは、あまりにおとなしくあきらめのいい使用者の側にもありはしまいか。

呼び鈴に限らず多くの日本製の理化学的器械についてよく似た事に幾度出会ったかわからないくらいである。たとえばおもちゃのモーターを店屋でちょっとやってみる時はよく回るが買って来て五分もやればブラシの所がやけてもういけなくなる。蓄音機《ちくおんき》の中の歯車でもじきにいけなくなるのがある。これは歯車の面の曲率などがいいかげんなためだか、材料が悪いためだかわからない。おそらく両方かもしれない。

このような似て非なるものを製する人の中には、西洋でできた品をだいたいの外形だけ見て、ただいいかげんにこしらえればそれでいいものだと思っているのがあるいはありはしまいか。ある人の話では電気の絶縁のためにエボナイト〔硬質なゴム〕を使ってある箇所を真鍮《しんちゅう》で作って、黒く色だけをつけておいた器械屋があるという。これはおそらくただの話かもしれない。しかしそれと五十歩百歩のいいかげんさは至るところにあるかもしれない。

五十年前に父が買った舶来《はくらい》のペンナイフは、今でも砥石《といし》をあてないでよく切れるのに、私がこのあいだ買った本邦《ほんぽう》製のはもう刃がつぶれてしまった。古ぼけた前世紀の八角の安時計が時を保つのに、大正できの光る置き時計の中には、年じゅう直しにやらなければならないのがある。

すべてのものがただ外見だけの間に合わせもので、ほんとうに根本《こんぽん》の研究を経て来たものでないとすると、実際われわれは心細くなる。質の研究のできていない鈍刀《なまくらがたな》はいくら光っていても格好がよくできていてもまさかの場合に正宗《まさむね》の代わりにならない。

品物について私の今言ったような事が知識や思想についても言われうるというような事にでもなるといよいよ心細くなるわけであるが、そういう心配が全くないとも言われないような気がする。

水道の止まった日の午《ひる》ごろ、縁側の日向《ひなた》で子供が絵はがきを並べて遊んでいた。その絵はがきの中に天文《てんもん》や地文《ちもん》に関する図解や写真をコロタイプで印刷した一組のものが目についた。取り上げてよく見ると、それはずいぶん非科学的な、そして見る人に間違った印象や知識を与えるものであった。なかんずく月の表面の凹凸《おうとつ》の模様を示すものや太陽の黒点や紅炎《こうえん》やコロナを描いたものなどはまるでうそだらけなものであった。たとえば妙な紅炎が変にとがった太陽の縁に突出しているところなどは「離れ小島の椰子《やし》の木」とでも言いたかった。

科学の通俗化《つうぞく》という事の奨励《しょうれい》されるのは誠に結構な事であるが、こういうふうに堕落《だらく》してまで通俗化されなければならないだろうかと思ってみた。科学その物のおもしろみは「真」というものに付随しているから、これを知らせる場合に、非科学的な第二義的興味のために肝心の真を犠牲にしてはならないはずである。しかし実際の科学の通俗的解説には、ややもするとほんとうの科学的興味は閑却《かんきゃく》〔いいかげんに〕されて、不妥当な比喩《ひゆ》やアナロジーの見当違いな興味が強調されやすいのは惜しい事である。そうなっては科学のほうは借りもので、結果はただ誤った知識と印象を伝えるばかりである。私はほんとうに科学を通俗化するという事はよほどすぐれた第一流の科学者にして初めてできうる事としか思われないのに、事実はこれと反対な傾向のあるのを残念に思う。

このようにして普及された間に合わせの科学的知識をたよりにしている不安さは、不完全な水道をあてにしている市民の不安さに比べてどちらとも言われないと思った。そして不愉快な日の不愉快さをもう一つ付け加えられるような気がした。

水道がこんなぐあいだと、うちでも一つ井戸を掘らなければなるまいという提議が夕飯の膳《ぜん》で持ち出された。しかしおそらくこの際同じような事を考える人も多数にあるだろう、従って当分は井戸掘りの威勢《いせい》が強くてとてもわれわれの所へは手が回らないかもしれないという説も出た。

こんな話をしているうちにも私の連想は妙なほうへ飛んで、欧州大戦〔第一次世界大戦〕当時に従来ドイツから輸入を仰いでいた薬品や染料《せんりょう》が来なくなり、学術上の雑誌や書籍が来なくなって困った事を思い出した。そしてドイツ自身も第一にチリ硝石《しょうせき》の供給が断えて困るのを、空気の中の窒素を採って来てどしどし火薬を作り出したあざやかな手ぎわをも思い出した。

そして、どうしてもやはり、家庭でも国民でも「自分のうちの井戸」がなくては安心ができないという結論に落ちて行くのであった。

翌日も水道はよく出なかった。そして新聞を見ると、このあいだできあがったばかりの銀座通りの木煉瓦《もくれんが》が雨で浮き上がって破損《はそん》したという記事が出ていた。多くの新聞はこれと断水とをいっしょにして市当局の責任を問うような口調を漏《も》らしていた。私はそれらの記事をもっともと思うと同時にまた当局者の心持ちも思ってみた。

水道にせよ木煉瓦にせよ、つまりはそういう構造物の科学的研究がもう少し根本的に行き届いていて、あらゆる可能な障害に対する予防や注意が明白にわかっていて、そして材料の質やその構造の弱点などに関する段階的系統的の検定《けんてい》を経《へ》た上でなければ、だれも容認しない事になっていたのならば、おそらくこれほどの事はあるまいと思われる。

長い使用に堪《た》えない間に合わせの器物《きぶつ》が市場にはびこり、安全に対する科学的保証の付いていない公共構造物が至るところに存在するとすれば、その責めを負うべきものは必ずしも製造者や当局者ばかりではない。

もしも需要者のほうで粗製品を相手にしなければ、そんなものは自然に影を隠してしまうだろう。そしてごまかしでないほんものが取って代わるに相違ない。

構造物の材料や構造物に対する検査の方法が完成していれば、たちの悪い請負師《うけおいし》でも手を抜くすきがありそうもない。そういう検定方法は切実な要求さえあらばいくらでもできるはずであるのにそれが実際にはできていないとすれば、その責任の半分は無検定のものに信頼する世間にもないとは言われないような気がする。

私が断水の日に経験したいろいろな不便や不愉快の原因をだんだん探って行くと、どうしても今の日本における科学の応用の不徹底であり表面的であるという事に帰着《きちゃく》して行くような気がする。このような障害の根を絶つためには、一般の世間が平素《へいそ》から科学知識の水準をずっと高めてにせ物と本物とを鑑別する目を肥やし、そして本物を尊重し、にせ物を排斥《はいせき》するような風習を養うのがいちばん近道で有効ではないかと思ってみた。そういう事が不可能ではない事は日本以外の文明国の実例がこれを証明しているように見える。

こんな事を考えていると、われわれの周囲の文明というものがだんだん心細くたよりないものに思われて来た。なんだか炬燵《こたつ》を抱いて氷の上にすわっているような心持ちがする。そして不平を言い人を責める前にわれわれ自身がもう少ししっかりしなくてはいけないという気がして来た。

断水はまだいつまで続くかわからないそうである。
どうしても「うちの井戸」を掘る事にきめるほかはない。

〔一九二二年一月〕

次ページの文章は、寺田寅彦の弟子である物理学者の中谷宇吉郎が、「天災は忘れた頃来る」という寺田寅彦の有名な言葉について書いたものです。本書の他の文章と関連の深い内容なので、あわせて掲載しました。〔編集部〕

天災は忘れた頃来る

中谷宇吉郎

今日は二百二十日《にひゃくはつか》（立春を第一日として二二〇日目。天候が悪くなり易いということで厄日の一つとされている）だが、九月一日の関東大震災記念日や、二百十日《にひゃくとおか》から、この日にかけては、寅彦先生の名言「天災は忘れた頃来る」という言葉が、いくつかの新聞に必ず引用されることになっている。

ところで、よく聞かれるのであるが、この言葉は、先生のどの随筆にあるのかが、問題になっている。寅彦のファンは日本中にたくさんあって、先生の全集は隅から隅まで、何回となく繰返して読んだという熱心な人がよくある。そういう人から、どうもおかしいが、この言葉は、どこにも見当らない。一体どこにあるのか、という質問をよく受ける。

実はこの言葉は、先生の書かれたものの中には、ないのである。しかし話の間には、しばしば出た言葉で、かつ先生の代表的な随筆の一つとされている「天災と国防」の中には、これと全く同じことが、少しちがった表現で出ている。

それで私も、この言葉が先生の書かれたものの中にあるものと思い込んでいた。もう十五年ばかりも昔の話になるが、たしか東京日日新聞だったかに頼まれて「天災」という短文を書いたことがある。その文章の中で、私はこの言葉を引用（?）して「天災は忘れた頃来る」という寅彦先生の言葉は、まさに千古の名言であると書いておいた。

　ところが、この言葉が、その後方々で引用されるようになり、とうとう『朝日新聞』が、戦争中に、一日一訓というようなものを編集した時、九月一日の分に、この言葉が採用されることになった。

　正月元旦の「日本国は神国なり」から始まって、三百六十五日分、毎日その日に何かいわれのある言葉を、集めたものである。そしてそれには、いろいろな人が、出所と解説とを書くことになっていた。私は九月一日「天災は忘れた頃来る」の解説を頼まれ、まず出所を明らかにと思って「天災と国防」を読み返してみたが、ない。慌てて天災に関係のありそうな随筆を、片っ端から探して見たが、どうしても見当たらない。

　大いに困ったが、この言葉の方は、すでに慎重な会議をなんべんも開いて、採用に決定していたので、止めるわけには行かない。それで「天災と国防」の中にこれと全く同じことが書いてあるという理由で、解説を適当に書いて、勘弁してもらった。

　もともとこの言葉は、書かれたものには残っていないが、寅彦の言葉にはちがいないのであるから、別に嘘をいったわけではない。面白いことには、坪井忠二《つぼいちゅうじ》博士なども、初めはこの言葉が、寅彦の随筆の中にあるものと思い込んでいたそうである。それでこれは、先生がペンを使わないで書かれた文字であるともいえる。

〔一九五五年九月〕

研究の楽しさを知っている科学者 寺田寅彦

板倉聖宣

寺田寅彦（一八七八〜一九三五）という人は明治以後の日本のもっとも独創的な物理学者の一人として知られています。いや、この人はすぐれた科学者としてだけでなく、すぐれた文学者としても知られています。「科学随筆」という言葉がありますが、その科学随筆というものを始めたのも、この寺田寅彦博士なのです。

寺田寅彦は一八七八年に東京に生まれました。一八七八年と言えば明治十一年のことで、日本が西洋文化を本格的に取り入れはじめてからまだ間もないころのことです。寅彦の父は新政府陸軍の会計部長という役職にある人でしたから、寅彦は文明開化に逆らうことなく、新しい時代を切り開くことを期待されつつ育つことになったといっていいでしょう。東京生まれの寅彦少年も、三才のときに父が退職して郷里の高知県高知市に引退したので、地方都市で育つことになったのですが、この少年は新しい時代を知っている両親のもとで、何不自由なく育てられたのです。この点、この時代に育った偉人伝中の人とはかなり違います。この時代に身を立てた人々の伝記には、「理解のない周囲の大人に反抗しつつ勉強した」とか「貧しい家庭から飛び出して、東京に出て働きながら勉強して身を立てた」という物語がたくさんあります。しかし寅彦少年の場合は、恵まれた環境の中ですくすくと育つことができたのです。その点、寅彦少年の生い立ちはいまの子どもたちの環境ととても似ていると言っていいでしょう。

寅彦少年がいまの高等学校に相当する高知県立尋常中学校に入学したのは一八九三（明治二十六）年のことですが、そのころには、日本の学校制度も整ってきていました。小学校高学年時代の寅彦少年は、学校の教科書を読むほかに、そのころ創刊されたばかりの『少国民』とか『日本の少年』といった少年雑誌を友だち同士で廻し読みしたり、そういう雑誌類に載っている手品のような実験をやってみたり、買ってもらった顕微鏡を覗いてみたりしながら、いつも「何か面白そうなことがないか」と探しながら大きくなっていった」といっていいでしょう。そのころも上級学校に進学するには受験勉強がありましたが、そのころはよほど豊かな家庭でないと上級学校に進学させてもらえなかったので、寅彦少年はそれほどあくせく受験勉強をしなくて済んだことでしょう。それでも、この少年は一度受験に失敗して、再度挑戦してやっと合格しています。

「偉い科学者」というと、「子どものときから天才ぶりを発揮して、上級学校の受験などすいすい通過した」などと思われがちですが、決してそんなことはないのです。そういえば、小学校時代の寅彦少年はとくに算術（いまの算数）が苦手で、いくら勉強しても頭に入らなかったということです。寺田寅彦の伝記は、「そんな少年でも立派な科学者になれる」ということを教えてくれることは嬉しいことです。その時代の少年としては寅彦少年は特別家庭に恵まれた子どもだったことは明らかですが、その家庭環境もいまならごく当たり前といっていいでしょう。今では大部分の子どもたちは、寅彦少年と同じように「〈こういうものが欲しい、ああいう本が買いたい〉と言えば、親は言うにまかせてなんでも買ってくれる」ような恵まれた環境にあると言っていいのです。そこで、親のほうでは「私たちの子どものときとは違って、いまの子はとても恵まれた環境にあるのにちっとも勉強しない」などと愚痴ったりするのですが、勉強というものは、寅彦少年のときのように、やはりやりたいようにやるのが一番なのでしょう。

寅彦少年は高知市の中学校を卒業すると、熊本市にあった官立の第五高等学校に進学しました。当時、高知県で一番近い高等学校というと、熊本の第五高等学校しかなかったのです。この学校で、寺田寅彦は自分の一生を決める二人のいい先生に出会うことができました。一人は数学と物理の田丸卓郎先生で、もう一人は英語の夏目金之助先生です。田丸先生は帝国大学を出たばかりで、寅彦より六歳年上という若い先生でした。寅彦は大学は造船学科に進学するつもりで高等学校に入学したのですが、この田丸先生の影響でバイオリンを弾いたりしているうちに、進路を変えて物理学科に進学することにしました。英語の夏目先生は十一歳年上の文学者で、そのころはまだ有名ではありませんでしたが、その後夏目漱石というペンネームで『吾輩は猫である』とか『坊ちゃん』などの小説を書いて一躍有名になりました。寺田寅彦は、無名時代の夏目漱石にしたがって、文学的な感覚を養ったのです。

ふつう高等学校の先生というと、三年間の高校生活の間だけ学ぶことになりますが、寺田寅彦は東京帝国大学（いまの東京大学の前身）に進学してからも、田丸卓郎先生と夏目漱石先生について学ぶことができました。というのは、寺田寅彦が大学に進学して一年後、田丸卓郎先生も東京帝国大学の助教授となって熊本の第五高等学校の教授から転任してきて、大学でも寅彦を教えることになったからです。夏目漱石も、寅彦の大学進学後英国に留学したあと、東京帝国大学の文科大学［後の文学部］で英文学の講師となりました。

さて、寺田寅彦は大学で物理学を勉強して、一九〇三（明治三十六年）に卒業すると、さらに大学院に進学して実験物理学の研究を行い、一九〇八年に理学博士の学位を得ましたが、その研究テーマは、「尺八の音響学的な研究」という変わったものでした。これは、その後の寺田寅彦の独創的な研究の仕方をしめすものでした。

かれは、日本独自の生活現象の中から面白い研究テーマを探し出すことによって、創造的な研究分野をつぎつぎと開くようになるのです。

しかし、寺田寅彦は世界の物理学研究の中心からはずれていたわけではありませんでした。寅彦は一九〇九～十一年に「地球物理学の研究」をテーマにイギリスとドイツに留学しましたが、帰国後間もなく、世界の物理学研究のトップを走る研究成果を発表しました。「エックス線を結晶にあてると、その曲がり具合から結晶内部の原子の配置を実験的に突き止めることができる」という研究を発表したのです。そこで、一九一七（大正六）年、寅彦はこの研究で「学士院の恩賜《おんし》賞」という日本でもっとも名誉ある賞を受けています。

寺田寅彦は東京帝国大学の教授として、また水産講習所の講師や地震学研究所の所員、航空研究所の所員、理化学研究所の主任研究員ともなって、多くの若い研究者を育てました。寺田寅彦以前の日本の科学者たちは、「日本の科学を世界一流のものにしたい」という愛国心からガムシャラに研究することはあっても、科学を研究すること自体の楽しさというものをほとんど知りませんでした。だから、外国の科学者の後を追いかけることができても、新しい研究分野を切り開くことなどできませんでした。ところがその点、寺田寅彦だけは違っていました。この人は「国家を背負って研究する科学者」ではなく「研究の楽しさを知っている科学者」でしたから、何でも面白そうなことがあると研究したのです。そこで、寺田寅彦先生のところには、その研究のアイデアを求めて沢山の若い研究者が集まりました。

それだけではありません。寺田寅彦は、その科学研究を楽しむ精神を科学者以外の人々にも分け与えることにも興味を持っていました。寅彦は「科学研究という楽しみは、専門の科学者でなくても分かる」と考えていたのです。そこで、彼は専門の科学論文のほかにも、沢山の随筆を書きました。ただの随筆ではありません。科学の楽しみを伝えるような文章を沢山書いたのです。何しろ高等学校の学生時代から、夏目漱石という〈日本の近代文学の生みの親〉と親しくしてきただけのことはあります。その文章は文学的にもとても優れたものだというので、科学者以外の人々からも喜び迎えられるようになりました。そして、日本に「科学随筆」という新しい文学の一領域を開くことになったのです。（『科学入門名著全集8　茶碗の湯』国土社、より抄録）

〔編集部より〕

・本書は、寺田寅彦の著作の中から地震・津波・台風・火災などの災害に関わるものを集め、再編集したものです。岩波書店『寺田寅彦全集』（一九九七）と「青空文庫」を底本とし、読みやすさを考えて、漢字を仮名にしたり濁点を増やしたりしました。また、外来語などの表記は現在一般的な形に改めています。

・本文中には現代の観点から見ると一部不適切と思われる表現がありますが、著者が生きていた時代背景を考え、原則的に当時のままにしてあります。

・文中に〔　〕で示した注記は編集部で加えたものです。

表紙にもある下の写真の石碑は昭和八年に三陸海岸を襲った大津波の後に岩手県宮古市重茂姉吉地区に建てられた記念碑。

高き住居は
　児孫《こまご》の和楽
想《おも》へ惨禍《さんか》の
　大津浪《おおつなみ》
此処《ここ》より下に
　家を建てるな

と書かれている。

「大津波記念碑」©T.KISHIMOTO,2011

著者紹介

寺田寅彦《てらだとらひこ》

1878年　東京・麹町に生まれる。父は元土佐藩士で，明治維新後は陸軍の会計部長であった。３歳の時に高知に転居。高知県立尋常中学校を経て，1896年に熊本の官立第五高等学校に入学。物理の田丸卓郎，英語の夏目金之助（後の漱石）らの教えを受ける。

1899年　東京帝国大学理科大学（現在の東京大学理学部）に入学。1903年卒業。

1908年「尺八の音響学的研究」で理学博士となる。1909 ～ 11年にドイツに留学。

1916年　東京帝国大学教授となり，その後理化学研究所主任研究員，地震学研究所員を兼務。その間，原子物理学や地球物理学に関して多くの研究論文を発表する一方，科学にくわしくない人間でもたのしく読める科学読み物を多く発表。文学界に「科学随筆」という新たな一領域を開いた。

1935年没。

主な著書

『蒸発皿』『柿の種』『天災と国防』『物理学序説』（岩波書店），『とんびと油揚げ』（中央公論社），『ピタゴラスと豆』『読書と人生』『科学歳時記』（角川書店）等。岩波書店から『寺田寅彦全集』全30巻も刊行されている。

中谷宇吉郎《なかやうきちろう》

1900年石川県加賀市に生まれる。1922年東京帝国大学物理学部物理学科に入学。寺田寅彦から物理実験の指導を受ける。卒業後も理化学研究所の寺田寅彦研究室の助手として電気火花の実験などで成果を上げ，1928年イギリスに留学。エックス線の研究を行う。1930年に帰国し，北海道帝国大学で〈雪の結晶〉などの低温物理学の研究を行う。科学随筆の分野でも寺田寅彦の仕事を受け継ぎ，『冬の華』（岩波書店）をはじめとして多くの科学随筆を執筆した。1962年没。

2015 年 12 月 21 日　初版発行（1500 部）

著者　寺田寅彦
発行　株式会社 仮説社
170-0002 東京都豊島区巣鴨1-14-5第一松岡ビル３F
電話 03-6902-2121　FAX 03-6902-2125
www.kasetu.co.jp　mail@kasetu.co.jp
装丁　渡辺次郎
印刷・製本　平河工業社
用紙　鵬紙業（表紙：モデラトーンシルキー四六Y135kg／本文：モンテルキア菊T41.5kg）
Printed in Japan　ISBN 978-4-7735-0265-7 C0340